高等职业教育数字化创新系列教材

Web 前端开发项目化教程

唐爱平　肖　宇　主编

东南大学出版社
SOUTHEAST UNIVERSITY PRESS
·南京·

内 容 提 要

本书内容涵盖但不限于1+X证书《Web前端开发职业技能等级标准》初级，全书分为6个项目：制作静态页面、美化页面、修饰网页动态效果、扩展页面功能、应用轻量级框架简化功能开发流程、服装商城网站前端设计，分别对应html标签、css2.0、css3.0、JavaScript、jQuery、综合项目开发。以职业需求为导向，以工作岗位面临的实际任务为引领，采用项目化呈现、任务式组织内容，将前端开发初级必备技能融入到各个工作任务中，以明确的任务目标带动技能的学习。

全书讲解细致，对于一些难点配有视频讲解。本书适合Web前端开发的初学者和爱好者阅读，也适合新媒体编辑、电商运营相关技术人员使用，尤其适合作为职业院校相关专业的新形态教材。

本书提供了案例的源文件和素材以及相关视频教程，读者可扫描书中对应的二维码获得相关资源。

图书在版编目(CIP)数据

Web前端开发项目化教程 / 唐爱平，肖宇主编.
南京：东南大学出版社，2025.1. -- ISBN 978-7-5766-1783-2

Ⅰ. TP393.092.2

中国国家版本馆CIP数据核字第20241WN968号

责任编辑：姜晓乐　　责任校对：子雪莲　　封面设计：王玥　　责任印制：周荣虎

Web 前端开发项目化教程

Web Qianduan Kaifa Xiangmuhua Jiaocheng

主　　编	唐爱平　肖宇
出版发行	东南大学出版社
出版人	白云飞
社　　址	南京市四牌楼2号　邮编：210096
网　　址	http://www.seupress.com
经　　销	全国各地新华书店
印　　刷	丹阳兴华印务有限公司
开　　本	787 mm×1092 mm　1/16
印　　张	18.75
字　　数	462千字
版　　次	2025年1月第1版
印　　次	2025年1月第1次印刷
书　　号	ISBN 978-7-5766-1783-2
定　　价	49.80元

本社图书若有印装质量问题，请直接与营销部联系。电话(传真)：025-83791830

前 言

当前,Web 前端开发技术日新月异,诸如 bootstrap、vue.js 越来越多的前端框架和库不断地涌现,极大地简化了前端开发流程。掌握前端开发入门知识的 html5、css3.0 及 JavaScript 仍然尤为必要。本书充分参考了 1+X 证书《Web 前端开发职业技能等级标准》初级标准,梳理了 Web 前端开发初级必备技能,以项目化整合,以任务形式组织初级必备技能知识点,将 html5、css2.0、css3.0、JavaScript、jQuery 融入各个任务开发中,并制作一个完整的服装商城网站前端项目,以目标为导向,在项目化学习过程中提升职业技能。

内容安排:

全书分为 6 个项目:制作静态页面、美化页面、修饰网页动态效果、扩展页面功能、应用轻量级框架简化功能开发流程、服装商城网站前端设计,分别对应 html 标签、css2.0、css3.0、JavaScript、jQuery、综合项目开发。

编写思路:

本书编写人员由职业院校专业带头人、骨干教师、企业技术总监组成,以企业实际案例项目为支撑设置内容模块,对照 1+X《Web 前端开发职业技能等级标准》初级证书标准,将标准分解为多个技术专题,把企业实际案例项目分解为多个独立模块分别对应上述的技术专题,最终以综合性的企业案例项目强化技能,尤其是从学习者角度编写教材,根据作者多年教学反馈,学生之所以对程序畏惧,主要在于没有入门,所以在编写过程中,不能将代码一次性粘贴,代码都是逐步调试、效果逐步显现,学生能明确感知对应部分代码的属性和方法。在本书编写过程中人工智能(AI)也在飞速发展,因此,在后续学习过程中,可以将 AI 作为重要的学习辅助工具,从而帮助学生入门、提升学生技能。从而实现在课程教学中融入 X 证书,并实现对职业院校学生的技术技能型人才培养的目标。

编写特色:

校企合作教材。该教材采用企业真实项目作为案例。参编人员有长期从事该课程教学的一线教师,也有企业技术开发人员。

适配 1+X 证书教材。该教材对照《Web 前端开发职业技能等级标准》初级证书标准要求编写。

课证融通教材。X 证书标准强调的只是职业岗位必备的技能,作为一门课程教学,仅仅依据 X 证书标准编写是不够的,还要适当地补充必备的技术,为此,本书是以任务引领,分析完成任务应必备哪些技能，在学习技能时适度扩展，对技能的深度与广度有明确的认识。

融媒体教材。该教材不仅是纸质印刷作品，还给教材涉及的案例、重点难点配有教学视频。

本书由唐爱平、肖宇主编，参加本书编写的还有许晓宇、丁兆建、周浩。感谢邹姣、感谢常州中环互联网信息技术有限公司、常州顶呱呱彩棉服饰有限公司、常州金球焊割设备有限公司提供书中图片版权。书中有瑕疵部分还请读者多包涵，请联系作者后续改正，一并感谢！

作者

2024 年 8 月

目 录

项目一　制作静态页面 ··· 1
　任务 1　创建基础静态网页 ··· 1
　任务 2　制作多媒体内容展示页面 ··· 7
　任务 3　开发表单收集页面 ·· 17
　任务 4　制作公司简介页面 ·· 25

项目二　美化页面 ··· 32
　任务 1　使用 div+css 给网站布局 ··· 33
　任务 2　设计网站菜单 ·· 42
　任务 3　新闻模块的制作 ··· 50
　任务 4　制作快捷链接区 ··· 62

项目三　修饰网页动态效果 ·· 76
　任务 1　现代网页元素样式美化 ·· 76
　任务 2　响应式布局设计 ··· 85
　任务 3　2D/3D 转换和变换 ·· 104
　任务 4　动画和过渡效果的实现 ·· 111

项目四　扩展页面功能 ··· 117
　任务 1　制作图片轮播 ·· 117
　任务 2　购物车金额的计算 ·· 131
　任务 3　结合本地存储模拟页面登录 ·· 140
　任务 4　制作下拉提示搜索框 ··· 153

项目五　应用轻量级框架简化功能开发流程 ······························· 161
　任务 1　jQuery 展示产品列表 ·· 162
　任务 2　页面样式动态更改 ·· 170

任务 3　实现网页基本动画效果 …… 176
　　任务 4　集成和使用 jQuery 插件 …… 183

项目六　服装商城网站前端设计 …… 193
　　任务 1　主页设计与制作 …… 195
　　任务 2　制作产品集页面 …… 255
　　任务 3　制作产品详情页 …… 269
　　任务 4　博客页面制作 …… 282

参考文献 …… 291

项目一

制作静态页面

本项目是 html 标签的典型应用,分为 4 个任务,对应的知识图谱如图 1.1 所示。

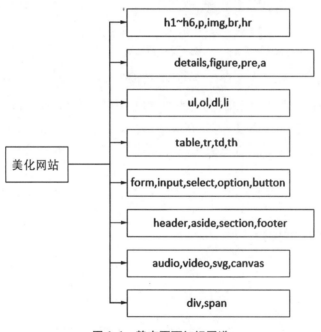

图 1.1 静态页面知识图谱

任务 1 创建基础静态网页

1 任务描述

认识网页的基本结构,掌握常用网页标签。以新闻页面为主题,设计制作一个新闻页面,包括新闻标题、分割线、图片、段落文字等内容。示意图如图 1.2 所示。

001

图 1.2　新闻页面

2 理解任务

上述任务是制作一个新闻详情页面,能够直观地感受到该页面标题文字与段落文字的大小差异,并添加分割线,设置图像宽、高属性,展示相关新闻列表,可实现返回顶部,且要具备链接属性。基于此,要完成上述任务,应熟悉网页基本结构,掌握段落标签、属性设置、列表等技能。

3 技能储备

1)认识 html 网页结构

(1) html 文档

视频 1-1

html 是超文本标记语言的简称,由开始标签和结束标签标记而成。新建一个 html5 文档的基本结构如下:

```
<! doctype html>
<html>
<head>
<meta charset = "utf-8">
<title>无标题文档</title>
</head>
<body>
</body>
</html>
```

其中<! doctype html>指定 html5 文档的类型,<html>与</html>标签作为文档的起点和结束点。

<head></head>是文档的头文件,该部分通常用于引入外部样式表、脚本信息等,如:

```
<link rel="stylesheet" type="text/css" href="mystyle.css">
```

内部样式表也是写在该部分,以<style></style>包含,如:

```
<style>
    h3 {color:aqua;}
</style>
```

<title></title>是文档的标题标签,用于定义网页的标题,如<title>新闻页面</title>。

<body></body>是文档的主体内容部分。例如:

```
<body>
    <h3>静夜思</h3>
</body>
```

(2) 标签

html 标签是内容标记符号,通常成对出现。元素的内容位于开始标签与结束标签之间,且标签可以嵌套。

① h 标签:h 标签是标题标签,分为 h1、h2、h3、h4、h5、h6 六级,浏览器预置了各级标题的默认字号和间距。

② details 标签:details 标签(图 1.3)允许创建可折叠的内容节,在 details 元素中,可以包含一个可选的 summary 元素,其中包含了 details 元素被折叠时所显示的内容。如果没有使用 summary 元素,折叠文本将为"详细信息"。

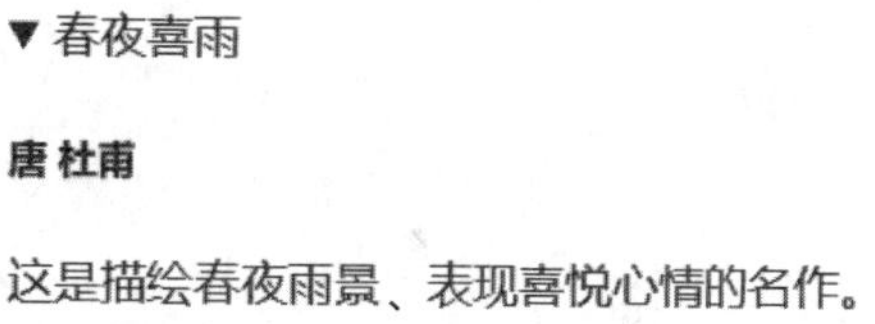

▼ 春夜喜雨

唐 杜甫

这是描绘春夜雨景、表现喜悦心情的名作。

图 1.3　details 标签

折叠时,details 元素的其他内容都会被隐藏。该元素的初始状态是被折叠。如果想要在页面加载时显示其内容,需要添加 open。

```
<details>
    <summary open >春夜喜雨</summary>
    <h5>唐 杜甫</h5>
    <p>这是描绘春夜雨景、表现喜悦心情的名作。</p>
</details>
```

③ figure 标签:figure 标签用于对自身包含的内容进行分组,该标签的一个独特功能是可以在内容中包含一个标题(图 1.4)。通常使用 figure 标签将图像或其他内容与标题组合在一起。此外,还可以用来组合文本,如带有标题的代码清单。

要添加一个标题,可在 figure 标签中包含 figcaption 元素。figcaption 元素必须是 figure 标签的第一个或最后一个子元素。如下所示,在 figure 标签内添加标题和文本注释。

```
<figure>
    <h3>Vs Code</h3>
    <img src="images/vscode.png">
    <figcaption>version 2023</figcaption>
</figure>
```

Vs Code

version 2023

图 1.4　figure 标签

④ <p>标签：<p>标签（paragraph）用于定义 html 文档中的段落。段落是文本的逻辑块，通常包含一个或多个句子，用于表达一个主题或想法。浏览器会自动在段落前后添加一些空白，用以区分不同的段落。

- 嵌套和组合：<p>标签通常不建议嵌套使用，因为这可能会导致不可预测的渲染结果。如果需要在段落中包含其他元素，可以使用内联元素，如<span>、<strong>、<em>等。

示例代码：

```
<p>这是一个包含<strong>强调</strong>内容的段落。</p>
<p>这是另一个包含<em>斜体</em>内容的段落。</p>
```

效果：这是一个包含强调内容的段落。
　　　这是另一个包含斜体内容的段落。

- 样式和格式：可以通过 css 来控制段落的样式和格式。例如，可以设置段落的字体、颜色、对齐方式等。

⑤ <pre>标签：<pre>标签（preformatted text）用于定义预格式化的文本。被<pre>标签包裹的文本会保留其内部的空格和换行符，并以等宽字体显示。这使得<pre>标签非常适合用于显示计算机代码、诗歌、ASCII 艺术等需要保留原始格式的文本。

⑥ 水平线：<hr>标签用于创建水平线，通常用在段落之间，hr 元素是单标签元素。

```
<p></p>
<hr/>
<p></p>
```

⑦ <a>标签：html 中的<a>标签及锚点使用：<a>标签用于创建超链接，可以链接到其他网页、文件、位置、电子邮件地址等。锚点（Anchor）是一种特殊的超链接，用于在同一页面内进行跳转。

- 基本用法

示例代码：

```
<a href="https://www.example.com">访问示例网站</a>
```

效果：访问示例网站。

- 链接到其他文件：可以链接到其他类型的文件，如 PDF、图片、视频等。

示例代码：

```
<a href="document.pdf">下载 PDF 文件</a>
```

效果：下载 PDF 文件。

- 链接到电子邮件地址：可以使用 mailto:协议链接到电子邮件地址。

示例代码：

```
<a href="mailto:example@example.com">发送电子邮件</a>
```

效果：发送电子邮件。

- 锚点的使用：锚点用于在同一页面内进行跳转。首先，需要定义一个锚点，然后创建一个指向该锚点的链接。

示例代码：

```
<!--定义锚点-->
<a id="section1">第一节</a>

<!--创建指向锚点的链接 -->
<a href="#section1">跳转到第一节</a>
```

效果：跳转到第一节。
- 链接到其他页面的锚点：可以链接到其他页面的特定锚点。

示例代码：

```
<a href="https://www.example.com#section1">访问示例网站的特定部分</a>
```

效果：访问示例网站的特定部分。
- 使用 target 属性：可以使用 target 属性指定链接的打开方式，如在新窗口或新标签页中打开。

示例代码：

视频 1-2

```
<a href="https://www.example.com" target="_blank">在新窗口中打开示例网站</a>
```

效果：在新窗口中打开示例网站。

通过使用<a>标签和锚点，可以创建灵活且功能丰富的超链接，进而提升用户体验和网页的导航性。

(3) 列表

在 html 中，列表用于组织和展示一组相关的项目。html 提供了三种主要的列表类型：有序列表、无序列表和定义列表。

① 有序列表(<ol>)：有序列表用于展示一组有序的项目，通常使用数字或字母来标记每个项目。

示例代码：

```
<ol>
  <li>第一项</li>
  <li>第二项</li>
  <li>第三项</li>
</ol>
```

效果：

1. 第一项

2. 第二项

3. 第三项

② 无序列表(<ul>)：无序列表用于展示一组无序的项目，通常使用项目符号来标记每个项目。

示例代码：

```
<ul>
  <li>项目一</li>
  <li>项目二</li>
  <li>项目三</li>
</ul>
```

效果：
- 项目一
- 项目二
- 项目三

③ 定义列表(\<dl\>)：定义列表用于展示一组术语及其定义。它由<dl>标签包裹，每个术语使用<dt>标签定义，每个定义使用<dd>标签定义。

示例代码：

```
<dl>
    <dt>HTML</dt>
    <dd>超文本标记语言，用于创建网页的标准标记语言。</dd>
    <dt>css</dt>
    <dd>层叠样式表，用于描述 HTML 文档的外观和格式。</dd>
</dl>
```

4 任务实践

本项任务是制作一个新闻详情页面。新闻详情页面通常由新闻标题、发布时间、横线、图片、新闻文字、作者信息、相关新闻链接和返回顶部锚点组成。

由图 1.5 分析可知，新闻标题、相关新闻可以采用 h1 标签，文字内容部分采用 p 标签，返回顶部使用锚点链接，相关新闻采用列表的形式，发布时间可以采用 h5 标签。由于尚未接触 css 样式，本节只做新闻详情页面内容，实际效果可能与上述效果示意图有出入。

图 1.5　新闻页面元素布局示意图

实践步骤：

步骤1：新建 news.html 页面。

步骤2：修改 title 字段为"新闻详情"。

步骤3：<body></body>主体内容区添加如下页面元素：

```
<div>
    <h1 id="title">新闻标题</h1>
    <div >发布时间:2024 年 01 月 20 日 来源:新闻来源</div>
    <hr>
    <img src="images/snow1.jpg" alt="雪中校园" width="400px">
    <div >
        <p>江南地区近日遭遇罕见的大雪天气，给当地居民和游客带来了惊喜与不便。部分道路因积雪而封闭，一些航班和列车服务被迫取消或延误。当地政府迅速启动应急预案，组织力量进行道路清扫和交通疏导，确保市民生活秩序不受影响。</p>
        <p>与此同时，这场大雪也激发了人们对于自然美景的热爱和对传统文化的怀念。在雪后的江南，不
```

少市民和游客纷纷走出家门,欣赏雪景,拍照留念。尽管大雪带来了一些不便,但它也给人们带来了难得的体验和回忆。</p>
        </div>
        <div >
        作者:张三
        </div>
        <div >
        <h2>相关新闻</h2>
        <ul>
        <li><a href="#">相关新闻标题一</a></li>
        <li><a href="#">相关新闻标题二</a></li>
        <li><a href="#">相关新闻标题三</a></li>
        </ul>
        </div>
        <div >
        <a href="#title">返回顶部</a>
        </div>
        </div>

上述设计思想在于将整个新闻页面内容放在一个 div 标签内,在该 div 标签内依次插入 h1、div、hr、p、h2、div、ul、li 等标签。

任务 2 制作多媒体内容展示页面

1 任务描述

本任务为使用 html5 的多媒体元素(如<audio>、<video>、<canvas>、<svg>)在网页中嵌入音频、视频、图形和动画。典型应用如为一个艺术画廊设计一个展示页面,展示艺术家的作品和相关视频介绍(图 1.6)。

图 1.6　艺术作品展示单页

图 1.6

2 理解任务

该任务是在单个网页上展示艺术作品,包括图片、标题和视频播放功能。在没有学习样式表之前,要理解网页前端元素哪些是换行的,哪些是不换行的,即块级元素、内联元素。制作上述页面还需要掌握视频标签的使用。为了能够对齐,还需要掌握制作表格、单元格等必备技能。

3 技能储备

1)块级元素

html 块级元素是指在浏览器中默认占据整行显示的元素,它们通常用于构建网页的结构。块级元素会从新的一行开始,并且其宽度会尽可能地扩展到父容器的宽度。以下是一些常见的 html 块级元素及其应用举例。

视频 1-3

(1)常见的块级元素

① <div>

用途:用于创建文档中的分区或节,是最通用的块级容器。

示例代码:

```
<div class="container">
    <p>这是一个容器内的段落。</p>
</div>
```

② <p>

用途:用于定义段落。

示例代码:

```
<p>这是一个段落。</p>
```

③ <h1>到<h6>

用途:用于定义标题,<h1>是最高级别的标题,<h6>是最低级别的标题。

示例代码:

```
<h1>这是一个一级标题</h1>
<h2>这是一个二级标题</h2>
```

④ <ul>和<ol>

用途:用于定义无序列表和有序列表。

示例代码:

```
<ul>
    <li>列表项 1</li>
    <li>列表项 2</li>
</ul>
<ol>
    <li>列表项 1</li>
    <li>列表项 2</li>
</ol>
```

⑤ <li>

用途:用于定义列表项,通常在 <ul> 或 <ol> 中使用。

示例代码:

```
<ul>
  <li>列表项 1</li>
  <li>列表项 2</li>
</ul>
```

⑥ <table>

用途:用于定义表格。

示例代码:

```
<table>
  <tr>
    <th>表头 1</th>
    <th>表头 2</th>
  </tr>
  <tr>
    <td>数据 1</td>
    <td>数据 2</td>
  </tr>
</table>
```

⑦ <form>

用途:用于定义表单。

示例代码:

```
<form action = "/submit" method = "POST">
  <input type = "text" name = "username" placeholder = "请输入用户名">
  <input type = "submit" value = "提交">
</form>
```

⑧ <header>

用途:用于定义文档或节的页眉。

示例代码:

```
<header>
  <h1>网站标题</h1>
</header>
```

⑨ <footer>

用途:用于定义文档或节的页脚。

示例代码:

```
<footer>
  <p>版权信息 © 2023</p>
</footer>
```

⑩ <section>

用途:用于定义文档中的节。

示例代码:

```
<section>
   <h2>章节标题</h2>
   <p>章节内容</p>
</section>
```

(2) 应用举例

假设我们要创建一个简单的网页,包含标题、段落、列表和表单。

```
<! DOCTYPE html>
<html lang="zh-CN">
<head>
   <meta charset="UTF-8">
   <title>示例页面</title>
</head>
<body>
   <header>
      <h1>欢迎来到示例页面</h1>
   </header>
   <section>
      <h2>关于我们</h2>
      <p>这是一个简单的示例页面,用于展示 HTML 块级元素的应用。</p>
      <ul>
         <li>列表项 1</li>
         <li>列表项 2</li>
         <li>列表项 3</li>
      </ul>
   </section>
   <section>
      <h2>联系我们</h2>
      <form action="/submit" method="POST">
         <label for="name">姓名:</label>
         <input type="text" id="name" name="name" required>
         <label for="email">邮箱:</label>
         <input type="email" id="email" name="email" required>
         <input type="submit" value="提交">
      </form>
   </section>
   <footer>
      <p>版权信息 2023</p>
   </footer>
</body>
</html>
```

在这个示例中,我们使用了多个块级元素(图 1.7)来构建页面的结构,包括<header>、

<section>、<h1>、<h2>、<p>、<ul>、<form>、和<footer>。这些元素可帮助我们清晰地组织内容,并使页面结构更加有序和易于理解。

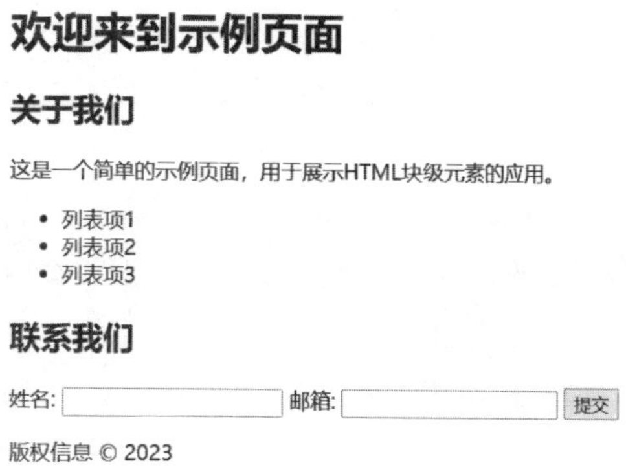

2)内联元素

html 内联元素是指在浏览器中不会独占一行,而是根据内容的长度在一行内显示的元素。内联元素通常用于标记文本的特定部分,而不是用于构建页面的结构。以下是一些常见的 html 内联元素及其应用举例。

视频 1-4

图 1.7 块级元素

(1)常见的内联元素

① <span>

用途:用于对文本的一部分进行样式化或脚本操作。

示例代码:

<p>这是一段包含<span style = "color:red;">红色</span>文本的段落。</p>

② <a>

用途:用于定义超链接。

示例代码:

<a href = "https://www.example.com">访问示例网站</a>

③ <strong>和<em>

用途:分别用于强调文本的重要性和用斜体强调。

示例代码:

<p>这是<strong>重要</strong>的文本。</p>
<p>这是<em>强调</em>的文本。</p>

④ <img>

用途:用于插入图像。

示例代码:

<img src = "image.jpg" alt = "描述图片">

⑤

用途:用于插入换行符。

示例代码:

<p>这是第一行文本。
这是第二行文本。</p>

⑥ <input>

用途:用于创建各种类型的输入字段(如文本框、单选按钮、复选框等)。

示例代码:

<input type = "text" name = "username" placeholder = "请输入用户名">

⑦ <label>

用途:用于为表单控件定义标签。

示例代码:

```
<label for = "username">用户名:</label>
<input type = "text" id = "username" name = "username">
```

⑧ <button>

用途:用于创建按钮。

示例代码:

```
<button type = "button">点击我</button>
```

⑨ <code>

用途:用于显示代码片段。

示例代码:

```
<p>这是一个<code>print("Hello, World!")</code>的代码示例。</p>
```

⑩ <small>

用途:用于使文本变小。

示例代码:

```
<p>这是正常大小的文本。<small>这是小号文本。</small></p>
```

(2)应用举例

假设我们要创建一个包含超链接、强调文本和图像的段落。

```
<! DOCTYPE html>
<html lang = "zh-CN">
<head>
    <meta charset = "UTF-8">
    <title>内联元素示例</title>
</head>
<body>
    <p>欢迎访问我们的<a href = "https://www.example.com">示例网站</a>。在这里,你可以找到<strong>重要</strong>的信息和<em>有趣</em>的内容。</p>
    <p>以下是一些示例图片:</p>
    <img src = "image1.jpg" alt = "图片 1">
    <img src = "image2.jpg" alt = "图片 2">
    <p>如果你有任何问题,请<a href = "mailto:contact@example.com">联系我们</a>。</p>
</body>
</html>
```

在这个示例中,我们使用了多个内联元素来增强文本的表现力和功能性,包括<a>、<strong>、<em>和<img>。这些元素使我们能够在不破坏段落结构的情况下对文本进行样式化和添加交互功能。

3）多媒体元素

html5 引入了许多新的多媒体元素，这些元素使得在网页中嵌入和控制多媒体内容变得更加容易。以下是一些常见的 html5 多媒体元素及其用途、属性和使用方法。

（1）多媒体元素及其用途、属性

① <audio>元素

用途：<audio>元素用于在网页中嵌入音频内容。

属性：

src：指定音频文件的 URL。

controls：显示音频控制界面（播放、暂停、音量等）。

autoplay：音频加载后自动播放。

loop：音频播放结束后循环播放。

preload：指定音频在页面加载时的预加载行为（auto，metadata，none）。

示例代码：

```
<audio src="example.mp3" controls autoplay loop>
    您的浏览器不支持 audio 元素。
</audio>
```

② <video>元素

用途：<video>元素用于在网页中嵌入视频内容。

属性：

src：指定视频文件的 URL。

controls：显示视频控制界面（播放、暂停、音量等）。

autoplay：视频加载后自动播放。

loop：视频播放结束后循环播放。

preload：指定视频在页面加载时的预加载行为（auto，metadata，none）。

width 和 height：指定视频播放器的宽度和高度。

示例代码：

```
<video src="example.mp4" controls autoplay loop width="640" height="360">
    您的浏览器不支持 video 元素。
</video>
```

③ <canvas>元素

用途：<canvas>元素用于通过 JavaScript 绘制图形、动画和其他可视化效果（图 1.8）。

属性：

width 和 height：指定画布的宽度和高度。

示例代码：

图 1.8　canvas 绘图

```
<canvas id="myCanvas" width="500" height="300"></canvas>
<script>
    var canvas = document.getElementById('myCanvas');
```

```
    var ctx = canvas.getContext('2d');
    ctx.fillStyle = 'green';
    ctx.fillRect(10, 10, 100, 100);
</script>
```

④ \<svg\>元素

用途：\<svg\>元素用于在网页中嵌入可缩放矢量图形(svg)，如图 1.9 所示。

属性：

width 和 height：指定 svg 图形的宽度和高度。

示例代码：

图 1.9　SVG 图

```
<svg width = "100" height = "100">
    <circle cx = "50" cy = "50" r = "40" stroke = "black" stroke-width = "3" fill = "red" />
</svg>
```

（2）多媒体元素的使用方法

\<audio\>和 \<video\> 元素：通过设置 src 属性指定媒体文件的 URL，使用 controls 属性显示控制界面，通过 autoplay 和 loop 属性控制自动播放和循环播放。

\<canvas\>元素：通过 JavaScript 获取 \<canvas\> 元素的上下文(context)，然后使用绘图 API 进行绘制。

\<svg\>元素：直接在 html 中嵌入 svg 代码，或者通过外部 svg 文件引入。

这些多媒体元素为网页提供了丰富的交互和视觉效果，使得开发者能够更加灵活地展示和控制多媒体内容。

4　任务实践

任务分析：该任务的目的在于熟练使用多媒体元素，特别是图像和视频的嵌入方法。为实现此目标，将学习 img 标签和 video 标签的应用。在没有学习样式表的情况下，通常采用表格的单元格定位技术，即将标签元素嵌入单元格，如图 1.10、图 1.11 所示。

图 1.10　表格化排列艺术图片

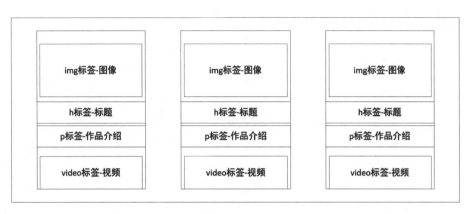

图 1.11　艺术画廊展示页面元素布局图

实践步骤:

步骤 1: 新建文档 media-table.html。

步骤 2: 在<body>与</body>页面主体中首先添加标题。

```
<h1 style = "text-align: center;">艺术画廊</h1>
```

步骤 3: 在</h1>下方继续添加 table 标签,作为所有作品的外部容器。

```
<table>
    <tr>
        <td width = "30% ">
        </td>
        <td width = "30% ">
        </td>
        <td width = "30% ">
        </td>
    </tr>
</table>
```

步骤 4: 在第一个<td></td>之间插入图片代码。

```
<img src = "images/artist_1.jpg" alt = "艺术家 1 的作品 1">
            <h3>《奥地利的夕阳》</h3>
            <p>夕阳的余晖洒在波光粼粼的海面上,金色的光芒与天边的晚霞交织成一幅温暖而宁静的画面。这不仅是一幅美丽的风景画,还展现了人与自然和谐共处的美好景象。</p>
            <video controls>
                <source src = "artist1_video1.mp4" type = "video/mp4">
                您的浏览器不支持 video 标签。
            </video>
```

步骤 5: 在其余两个<td></td>之间插入与步骤 4 相同的代码,并修改图片、图片简介、链接等属性,以适应不同的艺术作品。由于原图比较大,可能导致上述 3 张艺术作品显示比较宽。尽管将单元格<td>设置成 30%的宽度,但无法有效约束图片的显示尺寸。因此可以给<img>标签添加 width 和 height 属性,或者整体设置基本样式来控制图片大小。

步骤 6：在<head></head>之间添加样式代码。

```
<style>
        table {
                width: 100% ;
                border-collapse: collapse;
        }
        th, td {
                padding: 10px;
                text-align: center;
        }
        img {
                max-width: 100% ;
                height: auto;
        }
</style>
```

至此，基本实现了预期效果，之所以说是基本实现是因为图片显示仍然存在高低不一的情况，原因在于原图横幅竖幅的差异。

上述操作采用的是表格定位，以下采用 div 标签直接包含图片、文字等元素。

实践步骤：

步骤 1：新建文档 media.html。

步骤 2：在<body>与</body>页面主体中首先添加标题。

```
<h1 style = "text-align: center;">艺术画廊</h1>
```

步骤 3：在</h1>下方继续添加 div 标签，作为所有作品的外部容器。

```
<div class = "gallery">
</div>
```

步骤 4：<div class = " gallery " ></div>添加第一个作品的 div 标签。

```
<div class = "artwork">
        <img src = "images/artist_1.jpg" alt = "艺术家 1 的作品 1">
        <h2>《奥地利的夕阳》</h2>
        <p>夕阳的余晖洒在波光粼粼的海面上…</p>
        <video controls>
                <source src = "artist1_video1.mp4" type = "video/mp4">
                您的浏览器不支持 video 标签。
        </video>
</div>
```

步骤 5：同样方法，复制上述步骤 4 的代码，在<div class = " gallery " ></div>标签内，将<div class = " artwork" ></div>粘贴两次，并更改上述作品的图片链接和文字介绍。至此，艺术画廊页面基本完成。不过由于没有采用样式，每个作品都是由一个 div 标签表示，会独占一行，因此 3 个作品占据三行，与预期效果有一定差异。

步骤 6：在<head>和</head>之间添加样式代码：

```
<style>
    body {
        font-family: Arial, sans-serif;
        background-color: #f4f4f4;
        margin: 0;
        padding: 0;
    }
    .gallery {
        display: flex;
        flex-wrap: nowrap;
        justify-content: center;
        padding: 20px;
    }
    .artwork {
        margin: 10px;
text-align: center;
        background-color: #fff;
        box-shadow: 0 2px 5px rgba(0, 0, 0, 0.1);
        padding: 20px;
        border-radius: 5px;
    }
    .artwork img {
        max-width: 100% ;
        height: auto;
        border-radius: 5px;
    }
    .artwork video {
        width: 100% ;
        border-radius: 5px;
    }
    .artwork h2 {
        margin-top: 10px;
        font-size: 1.5em;
    }
    .artwork p {
        font-size: 1em;
        color: #666;
    }
</style>
```

任务3 开发表单收集页面

1 任务描述

利用 html 表单元素（如<form>、<input>、<textarea>、<select>、<button>）创建一个用

户信息收集或反馈表单,为一个服务型企业设计一个联系表单,用户可以在此表单中填写个人信息和咨询内容。

2 理解任务

由图 1.12 可知,表单中包含了文本框、文本域和下拉框。通过表格的单元格来定位和布局这些表单元素,使它们能够左右对齐。提交按钮设置了基本样式。基于此,应首先掌握表单元素、表格设置等技能。

图 1.12　表单收集页面

3 技能储备

1) 表单

html 表单是用于收集用户输入的强大工具。以下是一些常见的 html 表单元素及其属性和用法的详细解释。

① <form>元素

用途:<form>元素是表单的容器,用于定义一个表单。

属性:

action:指定表单数据提交的 URL。

method:指定表单数据提交的 http 方法(GET 或 POST)。

enctype:指定表单数据在提交时的编码类型。

示例代码:

```
<form action = "/submit" method = "POST" enctype = "multipart/form-data">
    <! --表单元素 -->
</form>
```

② <input>元素

用途:<input>元素用于创建各种类型的输入字段。

属性:

type:指定输入字段的类型(如 text、password、radio、checkbox、submit、reset、file、hidden、image、button)。

name:指定输入字段的名称,用于在提交表单时标识该字段。

value:指定输入字段的初始值。

placeholder:指定输入字段的占位符文本。

required:指定输入字段是否为必填项。

disabled:指定输入字段是否禁用。

示例代码:

```
<input type = "text" name = "username" placeholder = "请输入用户名" required>
<input type = "password" name = "password" placeholder = "请输入密码" required>
```

```
<input type="radio" name="gender" value="male">男
<input type="radio" name="gender" value="female">女
<input type="checkbox" name="remember" value="yes">记住我
<input type="submit" value="提交">
<input type="reset" value="重置">
```

③ \<textarea\>元素

用途：\<textarea\>元素用于创建多行文本输入字段。

属性：

name：指定文本区域的名称。

rows：指定文本区域的行数。

cols：指定文本区域的列数。

placeholder：指定文本区域的占位符文本。

required：指定文本区域是否为必填项。

示例代码：

```
<textarea name="comment" rows="4" cols="50" placeholder="请输入评论" required></textarea>
```

④ \<select\>元素

用途：\<select\>元素用于创建下拉列表。

属性：

name：指定下拉列表的名称。

multiple：指定是否允许多选。

示例代码：

```
<select name="city">
  <option value="beijing">北京</option>
  <option value="shanghai">上海</option>
  <option value="guangzhou">广州</option>
</select>
```

⑤ \<button\>元素

用途：\<button\>元素用于创建按钮。

属性：

type：指定按钮的类型（submit，reset，button）。

name：指定按钮的名称。

value：指定按钮的值。

示例代码：

```
<button type="submit">提交</button>
<button type="reset">重置</button>
<button type="button">普通按钮</button>
```

⑥ \<label\>元素

用途：\<label\>元素用于为表单控件定义标签。

属性:
for:指定与该标签关联的表单控件的 id。
示例代码:

```
<label for="username">用户名:</label>
<input type="text" id="username" name="username">
```

通过这些元素和属性,可以创建功能丰富且用户友好的 html 表单。

2) 表格

html 表格(`<table>`)是用于以行和列的形式显示数据的元素。以下是 html 表格的基本属性和用法:

(1) 基本属性

- border:

用法:`<table border="1">`。

描述:设置表格的边框宽度。值为 0 表示无边框。

- width:

用法:`<table width="100%">`。

描述:设置表格的宽度,可以是像素值或百分比。

- cellspacing:

用法:`<table cellspacing="10">`。

描述:设置单元格之间的间距。

- cellpadding:

用法:`<table cellpadding="10">`。

描述:设置单元格内容与单元格边框之间的间距。

- align:

用法:`<table align="center">`。

描述:设置表格的水平对齐方式,可以是 left、center 或 right。

- bgcolor:

用法:`<table bgcolor="#f0f0f0">`。

描述:设置表格的背景颜色。

(2) 基本用法

① 创建表格

```
<table>
    <tr>
        <td>行 1 列 1</td>
        <td>行 1 列 2</td>
    </tr>
    <tr>
        <td>行 2 列 1</td>
        <td>行 2 列 2</td>
    </tr>
</table>
```

② 添加表头

```
<table>
    <thead>
        <tr>
            <th>表头 1</th>
            <th>表头 2</th>
        </tr>
    </thead>
    <tbody>
        <tr>
            <td>行 1 列 1</td>
            <td>行 1 列 2</td>
        </tr>
        <tr>
            <td>行 2 列 1</td>
            <td>行 2 列 2</td>
        </tr>
    </tbody>
</table>
```

③ 合并单元格

a. 跨列合并（colspan）：

```
<table>
    <tr>
        <td colspan="2">合并两列</td>
    </tr>
    <tr>
        <td>行 2 列 1</td>
        <td>行 2 列 2</td>
    </tr>
</table>
```

b. 跨行合并（rowspan）：

```
<table>
    <tr>
        <td rowspan="2">合并两行</td>
        <td>行 1 列 2</td>
    </tr>
    <tr>
        <td>行 2 列 2</td>
    </tr>
</table>
```

④ 使用<caption>添加标题

```html
<table>
    <caption>表格标题</caption>
    <tr>
        <td>行 1 列 1</td>
        <td>行 1 列 2</td>
    </tr>
    <tr>
        <td>行 2 列 1</td>
        <td>行 2 列 2</td>
    </tr>
</table>
```

（3）示例

以下是一个综合示例，展示了表格的基本属性和用法：

```html
<!DOCTYPE html>
<html lang="zh-CN">
<head>
    <meta charset="UTF-8">
    <title>表格示例</title>
</head>
<body>
    <table border="1" width="100% " cellspacing="5" cellpadding="10" align="center" bgcolor="#f0f0f0">
        <caption>学生成绩表</caption>
        <thead>
            <tr>
                <th>姓名</th>
                <th>数学</th>
                <th>英语</th>
            </tr>
        </thead>
        <tbody>
            <tr>
                <td>张三</td>
                <td>90</td>
                <td>85</td>
            </tr>
            <tr>
                <td>李四</td>
                <td>88</td>
                <td>92</td>
            </tr>
        </tbody>
    </table>
</body>
</html>
```

输出表格如图 1.13 所示。

学生成绩表		
姓名	数学	英语
张三	90分	85分
李四	88分	92分

图 1.13　表格示例

这个示例展示了如何使用表格的基本属性来创建一个具有边框、宽度、单元格间距、单元格填充、对齐方式和背景颜色的表格，并添加了表头和标题。

4　任务实践

制作一个如图 1.14 所示的信息反馈页面。

图 1.14　表单收集页面

从图 1.14 中分析知，使用的 form 标签包含了 table 标签，table 标签分为 6 行 2 列，第 6 行两列合并，使用了简洁的样式，改变了颜色。表单中分别使用了 label、input、select、textarea 等标签。

实践步骤：

步骤 1：新建 form.html。

步骤 2：在<body></body>区依次添加标题和表单元素。

```
<h1>联系我们</h1>
<form action="/submit_form" method="post">
...
</form>
```

步骤 3：在<form></form>标签内添加表格元素，并将表格分为 6 行 2 列。

```
<table>
<tr>
```

```
            <td></td>
            <td></td>
    </tr>
    …(省略 4 行)
    <tr>
            <td></td>
            <td></td>
    </tr>
</table>
```

步骤 4：设置第 6 行，跨 2 列。

```
<tr>
<td colspan = "2"></td>
</tr>
```

步骤 5：依次在上述表格单元格<td>标签内逐行添加表单元素，最终描述如下所示：

```
        <table>
            <tr>
                <td><label for = "name">姓名:</label></td>
                <td><input type = "text" id = "name" name = "name" required></td>
            </tr>
            <tr>
                <td><label for = "email">电子邮件:</label></td>
                <td><input type = "email" id = "email" name = "email" required></td>
            </tr>
            <tr>
                <td><label for = "phone">电话:</label></td>
                <td><input type = "tel" id = "phone" name = "phone" required></td>
            </tr>
            <tr>
                <td><label for = "service">咨询服务:</label></td>
                <td>
                    <select id = "service" name = "service" required>
                        <option value = "">请选择</option>
                        <option value = "咨询服务 1">咨询服务 1</option>
                        <option value = "咨询服务 2">咨询服务 2</option>
                        <option value = "咨询服务 3">咨询服务 3</option>
                    </select>
                </td>
            </tr>
            <tr>
                <td><label for = "message">咨询内容:</label></td>
                <td><textarea id = "message" name = "message" rows = "4" required></textarea></td>
            </tr>
```

```
            <tr>
                <td colspan="2"><button type="submit">提交</button></td>
            </tr>
        </table>
```

至此，表单制作完成。

步骤 6：在 `<head></head>` 区域内，添加如下样式：

```
<style>
        table {
            width: 100%;
            max-width: 600px;
            margin: 0 auto;
        }
        td {
            padding: 10px;
        }
        input, textarea, select {
            width: 100%;
            padding: 8px;
            box-sizing: border-box;
        }
        button {
            width: 100%;
            padding: 10px;
            background-color: #4CAF50;
            color: white;
            border: none;
            cursor: pointer;
        }
        button:hover {
            background-color: #45a049;
        }
</style>
```

任务 4 制作公司简介页面

1 任务描述

使用 html 语义标签结合内部框架（ifame）构建一个基础的网页结构，包括头部（head）、导航（nav）、主体内容（main）、侧边栏（aside）和页脚（footer）。设计一个简单的公司介绍页面，包含公司概况、服务项目和联系方式等，如图 1.15 所示。

图 1.15　公司简介页面

2 理解任务

如图 1.15 所示页面分 3 大块,分别为头部区域、主体内容区域和页脚区域。头部和页脚样式相似。主体内容分为左右两部分,左侧分三列。右侧区域可以直接制作,也可以采用框架标签链接。在没有学习样式表的情况下可以使用表格排版;若已学习样式表,则可直接采用 div 标签,设置浮动或弹性元素。为此,应首先明确认识 html5 语义标签、框架元素等基本技能。

3 技能储备

1) html5 语义元素

视频 1-5

语义元素是 html5 中引入的一种元素,它们不仅提供了结构,还提供了关于其内容的含义。语义元素有助于提高网页的可读性和可访问性,使搜索引擎和辅助技术更容易理解网页的结构和内容。常见的语义元素及其属性和使用方法如下:

(1) 头部(<header>)

属性:无特殊属性。

使用方法:通常用于页面或区块的顶部,包含标题、logo、搜索框等。

```
<header>
    <h1>网站标题</h1>
    <nav>
        <ul>
            <li><a href="#">首页</a></li>
            <li><a href="#">关于我们</a></li>
        </ul>
    </nav>
</header>
```

(2) 导航(<nav>)

属性：无特殊属性。

使用方法：用于定义页面中的主要导航链接。

```
<nav>
  <ul>
    <li><a href="#">首页</a></li>
    <li><a href="#">关于我们</a></li>
  </ul>
</nav>
```

(3) 主体内容(<main>)

属性：无特殊属性。

使用方法：用于定义文档的主要内容，每个页面应只有一个<main>元素。

```
<main>
  <h1>主要内容标题</h1>
  <p>这是页面的主要内容。</p>
</main>
```

(4) 侧边栏(<aside>)

属性：无特殊属性。

使用方法：用于定义页面的侧边栏内容，通常包含与主要内容相关的辅助信息。

```
<aside>
  <h2>相关链接</h2>
  <ul>
    <li><a href="#">链接 1</a></li>
    <li><a href="#">链接 2</a></li>
  </ul>
</aside>
```

(5) 页脚(<footer>)

属性：无特殊属性。

使用方法：通常用于页面或区块的底部，包含版权信息、联系方式等。

```
<footer>
  <p>版权所有 &copy; 2023</p>
  <p>联系方式：example@example.com</p>
</footer>
```

通过使用这些语义元素，可以使 html 文档结构更加清晰，能够提高代码的可读性和可维护性，同时也有助于提升网页的 SEO 和用户体验。

2) iframe 标签

<iframe>标签用于在网页中嵌入另一个 html 文档。<iframe>标签的一些常用的属性和它们的使用方法如下：

(1) 常用属性

① src

属性值:URL。
描述:指定嵌入文档的 URL。
示例代码:

```
<iframe src = "https://www.example.com"></iframe>
```

② width
属性值:像素值或百分比。
描述:指定 iframe 的宽度。
示例代码:

```
<iframe src = "https://www.example.com" width = "600"></iframe>
```

③ height
属性值:像素值或百分比。
描述:指定 iframe 的高度。
示例代码:

```
<iframe src = "https://www.example.com" height = "400"></iframe>
```

④ frameborder
属性值:0 或 1。
描述:指定是否显示 iframe 的边框。0 表示无边框,1 表示有边框。
示例代码:

```
<iframe src = "https://www.example.com" frameborder = "0"></iframe>
```

⑤ allowfullscreen
属性值:空字符串或 allowfullscreen。
描述:允许 iframe 全屏显示。
示例代码:

```
<iframe src = "https://www.example.com" allowfullscreen></iframe>
```

⑥ sandbox
属性值:空字符串或一系列空格分隔的值(如 allow-scripts、allow-same-origin 等)。
描述:对嵌入的文档启用额外的限制。
示例代码:

```
<iframe src = "https://www.example.com" sandbox = "allow-scripts allow-same-origin"></iframe>
```

⑦ name
属性值:字符串。
描述:指定 iframe 的名称,可用于 target 属性。
示例代码:

```
<iframe src = "https://www.example.com" name = "myFrame"></iframe>
```

(2) 完整示例
以下是一个完整的示例,展示了如何使用这些属性:

```
<!DOCTYPE html>
<html lang="zh-CN">
<head>
    <meta charset="UTF-8">
    <title>iframe 示例</title>
</head>
<body>
    <iframe src="https://www.example.com" width="600" height="400" frameborder="0" allowfullscreen name="myFrame"></iframe>
</body>
</html>
```

通过这些属性,可以灵活地控制嵌入文档的显示效果和行为。

4 任务实践

html 语义标签包括头部(head)、导航(nav)和主体内容(main),结合内部框架(ifame)构建一个基础的网页结构,设计一个简单的公司介绍页面,包含公司概况、服务项目和联系方式。效果如图 1.16 所示。

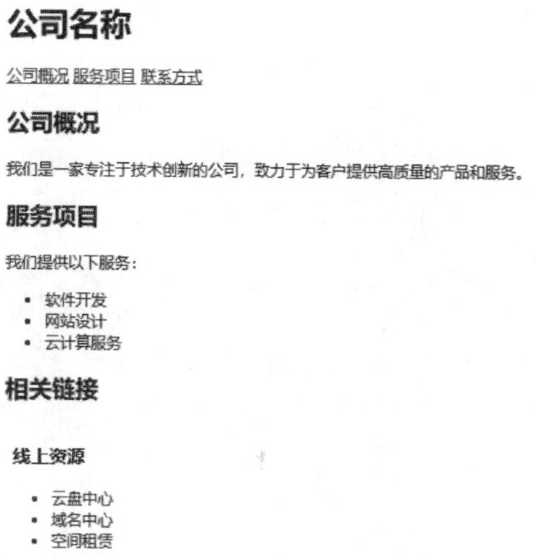

任务分析:该任务是制作一个公司介绍页面,从图 1.16 上可知,该页面分为上、中、下三部分,要求使用 html5 语义元素。可以考虑使用一个大的标签 main 包含 header、nav、footer,相关链接采用 ifame 标签。

图 1.16 未应用样式的公司页面

实践步骤:

步骤 1:在站点文件夹下新建 example.html 文件,并在<body>区域输入以下代码并保存。

```
<div>
    <h3>线上资源</h3>
    <ul>
        <li>云盘中心</li>
        <li>域名中心</li>
        <li>空间租赁</li>
    </ul>
</div>
```

步骤 2:新建 company.html 页面,与上述 example.html 在同一文件夹下,并输入以下主体元素:

```
<header>
    <h1>公司名称</h1>
</header>
```

```html
<nav>
    <a href="#about">公司概况</a>
    <a href="#services">服务项目</a>
    <a href="#contact">联系方式</a>
</nav>
```

步骤 3：继续在</nav>下方添加<main></main>标签，并在<main></main>内继续添加页面元素：

```html
<section id="about">
    <h2>公司概况</h2>
    <p>我们是一家专注于技术创新的公司，致力于为客户提供高质量的产品和服务。</p>
</section>
<section id="services">
    <h2>服务项目</h2>
    <p>我们提供以下服务：</p>
    <ul>
        <li>软件开发</li>
        <li>网站设计</li>
        <li>云计算服务</li>
    </ul>
</section>
<aside>
    <h2>相关链接</h2>
    <iframe src="example.html" width="50%" height="200" frameborder="0"></iframe>
</aside>
<section id="contact">
    <h2>联系方式</h2>
    <p>联系我们：</p>
    <address>
        电子邮件：<a href="mailto:info@example.com">info@example.com</a><br>
        电话：<a href="tel:+123456789">123-456-789</a>
    </address>
</section>
```

步骤 4：在</main>下方继续添加：

```html
<footer>
    <p>版权所有 &copy; 2023 公司名称</p>
</footer>
```

至此，公司介绍的基本结构页面基本完成，如图 1.16 所示。该效果与上述目标有差异，是因为尚未设置前端页面元素的样式。

步骤 5：将 company.html 复制为 company2.html，在 company2.html 页面<head></head>标签内添加样式代码：

```css
<style>
    body {
        font-family: Arial, sans-serif;
        display: flex;
        flex-direction: column;
        height: 100vh;
```

```css
      margin: 0;
    }
    header, footer {
      background-color: #4CAF50;
      color: white;
      padding: 15px;
      text-align: center;
    }
    nav {
      background-color: #333;
      overflow: hidden;
    }
    nav a {
      float: left;
      display: block;
      color: white;
      text-align: center;
      padding: 14px 20px;
      text-decoration: none;
    }
    nav a:hover {
      background-color: #ddd;
      color: black;
    }
    main {
      display: flex;
      flex: 1;
    }
    section {
      flex: 1;
      padding: 20px;
    }
    aside {
      width: 30% ;
      background-color: lightgray;
      padding: 20px;
    }
  </style>
```

至此，上述任务得以实现。由此可以看出，html 定义了前端元素的内容，样式定义了前端元素的外观，下个项目着重探讨样式。

美 化 页 面

本项目的目标是以"常州红色教育基地"为主题,制作主页页面,效果图如图 2.1 所示。

图 2.1

图 2.1 常州红色教育基地主页

本节所用知识图谱如图 2.2 所示。

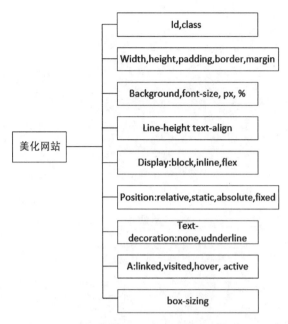

图 2.2 美化网站知识图谱

任务 1 使用 div+css 给网站布局

1 任务描述

本节任务目标是对上述主页进行布局。

2 理解任务

从效果图可以看出，该布局是典型的"国"字形布局方式，其中上半部和底部区域的宽度被设置为 100%，中间主体部分为固定宽度 1 100 像素（px），并细分为多个左右分割的区域。从技术手段看，使用 div 标签，通过 css 样式设置其宽度、高度以及左右浮动，从而实现左右的区域分割。为了实现上述目标，必须具备 css 应用、盒子模型、float 浮动的技术技能储备。

3 技能储备

1) css 的定义与使用

css 是层叠样式表（cascading style sheets）的简称，是用来结构化文档的一种计算机语言。通俗地说，就是给网页元素定义样式，如字体、间距、颜色等，css 文件的扩展名为 *.css，目前已发展到 css3.0 阶段，本节着重讲述 css2.0 的属性。

视频 2-1

(1) css 语法

css 语法非常简洁，由选择器、一条或多条声明组成，如：

```
h3 { color:red;   font-size:12px;}
```

选择器通常是指网页上要改变的 html 元素，如上面要改变的是 h3 元素，即 h3 是选择器，声明了 color、font-size 两个属性，每个属性之间用分号";"隔开，属性和值之间用冒号":"隔开。

语法范例：如下代码在网页主体页面中使用<p>标签包含一首古诗。

```
<body>
<p>大林寺桃花</p>
<p>唐 白居易</p>
<p>人间四月芳菲尽,</p>
<p>山寺桃花始盛开。</p>
<p>长恨春归无觅处,</p>
<p>不知转入此中来。</p>
</body>
```

如果没有采用任何样式，由于<p>标签是块级元素，占横向浏览器 100% 的宽度，并且默认左对齐、黑色。一旦在页面头文件<head></head>之间，使用<style></style>标签包含如下 css 代码，将使得上述文字整体居中，文字呈现红色。

```
<head>
<meta charset="utf-8">
<title>无标题文档</title>
<style>
    p {color: red;text-align: center;}
</style>
</head>
```

为了增加程序可读性，可以对程序做注释，以 /* */ 包含。

如<style>
```
    p {color: red;text-align: center;   /* 设置段落文本为红色、居中* /}
</style>
```

（2）内部样式与外部样式

内部样式是将 css 代码写在一个 html 页面内，这种样式只能被自身使用，如下所示：

```
<!doctype html>
<html>
<head>
<meta charset="utf-8">
<title>无标题文档</title>
<style>
    此处区域写入 css 代码
</style>
</head>
<body>
主体页面元素
</body>
</html>
```

外部样式是将 css 代码单独写在一个 *.css 文件中，它的优点是可以供多个页面使用。

在使用的时候,需要在头文件中加入引入代码,如下所示:

```
<link href="css/style.css" rel="stylesheet" type="text/css">
```

视频 2-2

(3) 选择器

① id 选择器

用于设置使用了 id 标记的 html 元素,id 选择器以"#"开头,如:

```
#poet
    {
        color: red;text-align: center;
    }
```

div 标签是一个块级标签,若单独使用没有太多实际意义,但与选择器结合使用,能够设置 div 标签的大小、背景、字体和颜色等信息,如下所示:

```
<body>
<div id="poet">
<p>大林寺桃花</p>
<p>唐 白居易</p>
<p>人间四月芳菲尽,</p>
<p>山寺桃花始盛开。</p>
<p>长恨春归无觅处,</p>
<p>不知转入此中来。</p>
</div>
</body>
```

上述代码是将古诗以 p 标签整体包含在 div 标签内,并且 div 标签引用了 id="poet" 属性,同样实现了文本红色居中的效果。

② class 选择器

class 选择器描述的是一组元素的样式,以"."开头定义,可以重复使用。可以将上述内容做如下改变:

```
.poet
    {
        color: red;text-align: center;
    }
```

主体页面代码:

```
<div class="poet">
<p>大林寺桃花</p>
……
</div>
```

注:id 选择器通常用于标记唯一元素、只用 1 次。class 选择器用于标记相同属性的组元素,可以重复使用。使用 css 样式的目的在于实现内容与样式的分离。

2）认识 css2.0 盒子模型

所有的 html 元素都可以看作是一个盒子,而盒子是有宽高、背景、边距和填充等属性的。网页中的主体元素是 html 元素,如果元素与元素之间采用各种各样的盒子来摆放,自然就形成了网页的布局。

(1) 盒子模型

css2.0 盒子模型允许我们设置各种 html 元素的外观,其模型图如图 2.3 所示。

margin(外边距):清除外边框外的区域,外边距占用空间,但是透明的。

border(边框):内边距和外边距之间的边框,可以呈现宽度和颜色。

padding(内边距):清除内容周围的区域,内边距占用空间,但是透明的。

content(内容):盒子中的实际内容,显示文本、图像、视频或按钮等具体信息。

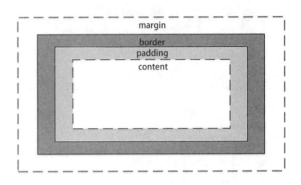

图 2.3 css2.0 盒子模型

打个形象的比喻,网页上的各种 html 元素都可以看成上面所述的盒子外观,这些盒子类似于生活中购买的家电,家电的实际尺寸是 content,外层包裹的一层泡沫厚度是 padding,外层的纸箱厚度是 border,放置在一个空间内距离其他物品的距离是 margin,而网页的布局可以看作是摆放各种各样的盒子(html 元素)位置的过程。

(2) 盒子的尺寸

盒子尺寸主要由 width、height 属性设置,与 css 有关的尺寸属性如表 2.1 所示。

表 2.1 css 模型尺寸属性表

属性	功能描述	属性	功能描述
height	设置元素的高度	min-height	设置元素的最小高度
line-height	设置行高	min-width	设置元素的最小宽度
max-height	设置元素的最大高度	width	设置元素的宽度
max-width	设置元素的最大宽度		

例如,用以下代码创建一个 300 px×200 px 的盒子,结果如图 2.4 所示:

`#box1 {background: #E45E61;width: 300px;height: 200px;}`

用以下代码同样创建一个 300 px×200 px 的盒子,且四个方向分别增加了 50 px 的内边距,如图 2.5 所示。

`#box2 {background: #48B5F1;width: 300px;height: 200px;padding: 50px;}`

从标尺可以看出,图 2.5 的盒子实际宽度尺寸是 300 px+50 px(左内边距)+50 px(右内边距)= 400 px。在浏览器中对比查看更加明显。

事实上,盒子最终呈现的尺寸由盒子模型的四个参数(content、padding、border、margin)决定。

视频 2-3

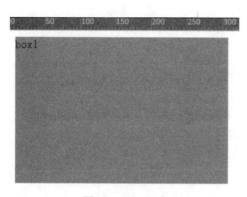
图 2.4　div 尺寸

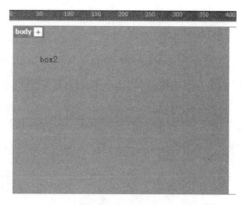
图 2.5　添加 padding 属性后 div 尺寸变化图

注：css3.0 引入了 box-sizing 属性，分别可以设置为 border-box、content-box、padding-box，上述 box2 修改为#box2 {background：#48B5F1；width：300px；height：200px；padding：50px；box-sizing：border-box；}，至此，box1、box2 的外观尺寸相同，如图 2.6、图 2.7 所示。完整代码如下：

```
<! doctype html>
<html>
<head>
<meta charset = "utf-8">
<title>无标题文档</title>
<style>
    #box1 {background: #E45E61;width: 300px;height: 200px;}
    #box2 {background: #48B5F1;width: 300px;height: 200px;padding: 50px;box-sizing: border-box;}
    </style>
</head>
<body>
<div id = "box1">box1</div>
<div id = "box2">box2</div>
</body>
</html>
```

图 2.6　div 尺寸对比图一

图 2.7　div 尺寸对比图二

视频 2-4

视频 2-5

（3）盒子居中

默认情况下，块级元素占据一行，页内元素不换行，div 标签左对齐。若要块级元素居中，则需设置 margin-left:auto; margin-right:auto;。

3）使用 float 属性让块级元素浮动起来

（1）浮动

float 属性用于使块级元素及其包含的内容左对齐或右对齐。如果对一个元素设置 float:left;，则该元素靠左对齐，后续内容以内联形式占满后续剩余的宽度。例如：

```
#d1 {background:#95D382; width: 100px;height: 150px; float: left; }
#d2 {background:#61A7E1;}
<body>
<div id="d1">div1</div>
<div id="d2">div2</div>
</body>
```

由于 div1 采用了左浮动，div2 以内联的方式紧跟 div1 排列，并占据后续宽度，如图 2.8 所示。

一旦 div2 也采用 float:left;，则 div2 紧贴 div1 浮动，div2 后续内容继续浮动。为更加直观地演示，添加了更多的 div 元素，如图 2.9 所示。

图 2.8 div 浮动示意图

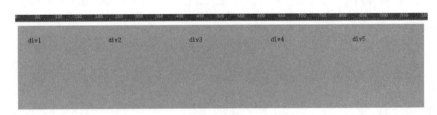

图 2.9 div 连续浮动示意图

```
<style>
    div {background:#95D382; width: 150px;height: 150px; float: left;padding:25px; }
</style>
<body>
<div >div1</div>
<div >div2</div>
<div >div3</div>
<div >div4</div>
<div >div5</div>
</body>
```

（2）清除浮动

float 属性会影响后续内容的排列方式。尽管看上去是对元素自身的左对齐或是右对齐的设置，实质上后续的块级元素并不能按照常规的块级元素独占一行，而是继续内联排列。为了说明这一点，以下示例采用 4 个 div 元素演示浮动的影响，并且为了显示直观，都设置了背景颜色。

```
<style>
    div.d1 {float:left;padding: 25px;background:#E95557;}
    div.d2 {          padding: 25px;background:#5A96D5;}
    div.d3 {float:right;padding: 25px;background:#EFAB17;}
    div.d4 {          padding: 25px;background:#66EB92;}
</style>
<body>
<div class="d1">div1</div>
<div class="d2">div2</div>
<div class="d3">div3</div>
<div class="d4">div4</div>
</body>
```

div1 采用了 float:left,所以左对齐,并且影响 div2,div2 没有设置,所以占据 div1 右侧整个宽度。同样道理,div3 采用了 float:right,所以右对齐,并且影响 div4,div4 没有设置,所以占据 div3 左侧整个宽度。

想要让 div2、div4 独立占行,就要清除 div1、div3 对它们的影响,可以使用 clear 属性。该属性并不会影响前一个元素的定位方式,但是它却可以清除对后续的影响,该属性有 clear:left/right/both 三个值,也就是说可以清除左右浮动以及之前的所有浮动,如图 2.10 所示。为了验证这一点,对上述 div2、div4 设置 clear 属性,效果如图 2.11 所示。

图 2.10　div 清除浮动示意图

```
div.d1 {float:left;padding: 25px;background:#E95557;}
div.d2 { clear:left; padding: 25px;background:#5A96D5;}
div.d3 {float:right;padding: 25px;background:#EFAB17;}
div.d4 { clear:right;padding: 25px;background:#66EB92;}
```

图 2.11　div 清除浮动影响示意图

4 任务实践

(1) 主页布局分析与规划

div 标签作为块级元素,在网页布局中独占一行。上方的滚动字幕区、logo 区、菜单区可以采用 div 标签结合 css 样式设计外观尺寸,宽度设定为 100%,中间区域固定宽度为 1 100 px,底部版权区域宽度为 100%,左右分栏采用 float 属性设置浮动,清除浮动,设置新行。据此,设计以下规划示意图,如图 2.12 所示。

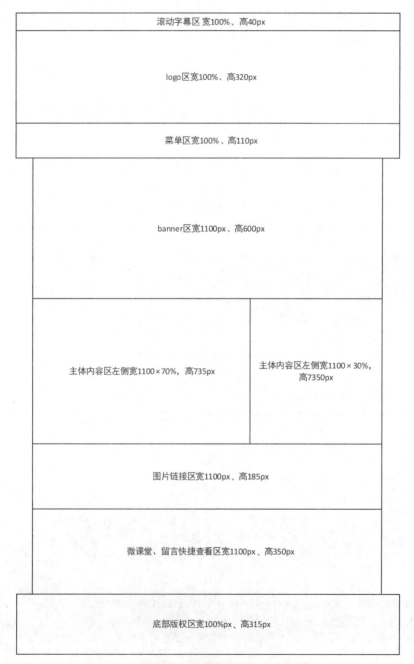

图 2.12　主页结构布局图

（2）编辑主页布局页面

步骤1：根据规划示意图，在设计软件中创建外部 initial.css，编辑以下代码：

```css
@charset "utf-8";
.title {width:100% ;height: 40px;background: #F42428;}
.logo {width:100% ;height: 320px;background: #F4CB65;}
.menu {width:100% ;height: 110px;background:#B52C2E;}
.ban  {width:1100px;height: 600px;background:#C3F776;margin-left: auto;margin-right: auto;}
.conbox {width:1100px;height: 735px;margin-left: auto;margin-right: auto;}
.conl {width:70% ; height: 100% ; float: left;background: #0C9ECB;}
.conr {width:30% ; height: 100% ; float: right;background:#E086E9;}
.cls {clear: both;}
.imlink {width:1100px;height: 185px;background:#F38626;margin-left: auto;margin-right: auto;}
.view {width:1100px;height: 350px;background:#BD3DF5;margin-left: auto;margin-right: auto;}
.cop {width:100% ;height: 315px;background:#6F6465;}
```

步骤2：创建主页文件 czindex.html，编辑页面元素，引用 css。

```html
<! doctype html>
<html>
<head>
<meta charset = "utf-8">
<title>无标题文档</title>
<link href = "css/initial.css" rel = "stylesheet" type = "text/css">
</head>
<body>
<div class = "title"></div>
<div class = "logo"></div>
<nav class = "menu"></nav>
<div class = "ban"></div>
<div class = "conbox">
    <div class = "conl"></div>
    <slider class = "conr"></slider>
</div>
<div class = "cls"></div>
<div class = "imlink"></div>
<div class = "view"></div>
<div class = "cop"></div>
</body>
</html>
```

预览效果如图 2.13 所示。

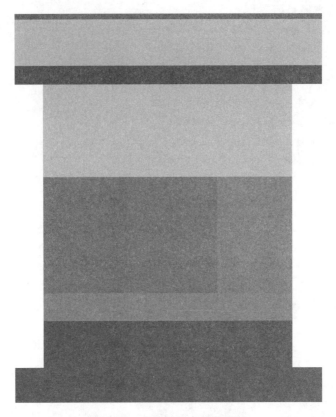

图 2.13　主页结构布局效果图

任务 2　设计网站菜单

1 任务描述

本节任务目标是制作"常州红色教育基地"网站主页横向菜单及下拉菜单,见图 2.14。

图 2.14　菜单运行效果图

2 理解任务

从效果图可以看出,该菜单为横向均分,背景采用图案填充。该菜单项可以使用列表,也可以采用 h 标签进行横向排列。而下拉菜单则沿着主菜单纵向平移,可以看作是相对于主菜单的纵向定位。基于此,为了实现上述目标,必须具备块级标签与行内标签显示方式的转换技能,同时掌握选择器和 css 定位的使用。

3 技能储备

1)认识 display 特性

display 定义了 html 标签的显示特性,其属性值有 block、inline、inline-block、flex、grid、table 等。本节先探讨前两种。之前的章节介绍了块级标签默认占据 1 行,行内标签不换行。css 样式表中的 display 属性就是能够改变标签的显示样式。使用 display:block 可以将行内标签转化为块级标签,而使用 display:inline 则可以将块级标签转化为行内标签。

例如,在主页面 logo 区插入图片(图 2.15)时,可以使用以下代码:

```
<div class = "logo"><img src = "images/Logo.jpg"></div>
```

因为 img 标签是行内元素,所以该图默认左对齐。可以使用 display:block 将其转化为块级标签,并设置左右间距为自动,这样图像将居中显示,即:

```
.logo img {max-width: 1100px; display: block;margin-left: auto;margin-right: auto;}
```

图 2.15 插入 logo 图

2)选择器

(1)基本选择器

基本选择器是最简单的选择器,用于直接选择 html 元素。

① 元素选择器:选择所有指定类型的元素。

```
p {
    color: blue;
}
```

② 类选择器:选择所有具有指定类名的元素。

```
.highlight {
    background-color: yellow;
}
```

视频 2-7

视频 2-8

③ id 选择器:选择具有指定 id 的元素。

```
#header {
   font-size: 24px;
}
```

④ 通用选择器:选择所有元素。

```
* {
  margin: 0;
  padding: 0;
}
```

(2) 组合选择器

组合选择器允许在一个元素上使用多个选择器,以便更精确地选择目标元素。

① 后代选择器:选择某个元素的所有后代元素。

```
div p {
   color: red;
}
```

② 子选择器:选择某个元素的直接子元素。

```
ul > li {
   list-style: none;
}
```

③ 相邻兄弟选择器:选择紧接在另一个元素后的元素。

```
h2 + p {
   font-style: italic;
}
```

④ 通用兄弟选择器:选择某个元素后的所有兄弟元素。

```
h2 ~ p {
   font-weight: bold;
}
```

(3) 属性选择器

属性选择器允许根据元素的属性来选择元素。

① 存在和值属性选择器

```
[title] {
   color: purple;
}
```

② 部分值属性选择器

```
[class^="btn-"] {
   background-color: green;
}
```

（4）伪类和伪元素

伪类和伪元素用于选择元素的特定状态或部分。

伪类：选择元素的特定状态。

```
a:hover {
    text-decoration: underline;
}
```

伪元素：选择元素的特定部分。

```
p::first-line {
    font-weight: bold;
}
```

（5）选择器的层级选择

选择器的层级选择是通过组合不同的选择器来选择嵌套的元素。

后代选择器：

```
.container .content p {
    color: blue;
}
```

子选择器：

```
.container > .content > p {
    color: red;
}
```

3）掌握定位，实现元素的精准对齐

css position 属性用于指定元素的定位类型，分别有 static、relative、fixed、absolute、sticky 五个值，元素可以使用 top（顶部）、left（左边）、bottom（底部）、right（右边）属性定位，之所以设置这些属性，无法显示预期效果，是因为必须设置元素的 position 属性。为了直观查看各属性值的差异，现将上一节中主页布局页面的宽度、高度稍作调整，调整 logo 宽度为 500 px 且居中，并在页面上做文字标记，再初始化页面，得到的结果如图 2.16 所示（以下案例，将本项目下 initial.css 复制为 style.css，在此基础上修改使用）。

图 2.16　默认 position 定位

下面以 logo 区为例分别讲述定位的 5 个值的差异。

(1) static 属性

static 为静态定位,是 html 元素的默认值,表示元素没有定位,遵循正常文档流的先后顺序输出,不受 top(顶部)、left(左边)、bottom(底部)、right(右边)影响。比如,将 logo 样式添加 static 定位:.logo {width:500px;height:120px;margin:auto;background:#F4CB65;position:static;top:30px;left:100px;},浏览页面效果不会发生改变。

(2) fixed 属性

从字面意义理解,fixed 是锁定的意思,即锁定盒子位置,它是相对于浏览器窗口的锁定,即使浏览器窗口发生了滚动,该元素的位置也不变。

如将上述 logo 样式改为 fixed 定位:.logo {width:500px;height:120px;margin:auto;background:#F4CB65;position:fixed;top:30px;left:100px;},从图 2.17 可以看出,采用了 fixed 定位后,该元素遵循 top(顶部)、left(左边)、bottom(底部)、right(右边)参数的制约,并且 fixed 定位的元素是浮动元素,不占据文档流,下方元素占据了该元素原有的位置,并且当浏览器上下滚动时,该元素的位置始终不变。

图 2.17 fixed 定位

(3) relative 属性

relative 表示元素相对于自身原有的位置变动,占据文档流。如将上述 logo 样式改为 relative 定位:.logo {width:500px;height:120px;margin:auto;background:#F4CB65;position:relative;top:30px;left:100px;},从图 2.18 可以看出,该元素原本居中对齐,由于设置了 relative 定位,该元素向右偏移 100px,向下偏移 30px,并且原有的文档空间仍然被占用。

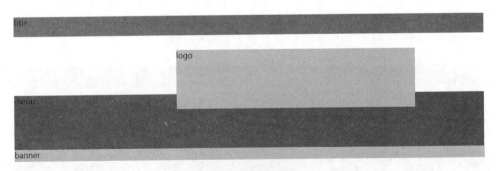

图 2.18 relative 定位

(4) absolute 属性

absolute:元素相对于其最近的父元素容器位置移动,如果元素没有定位的父元素,<html>标签是其父元素。为了便于查看其效果,在 logo 元素内添加 h3 元素,如图 2.19 所示。

```
<div class = "logo">logo
<h3>absolute 相对于父元素的位置变化</h3>
</div>
.logo {width:500px;height: 120px;margin: auto; background: #F4CB65;position: relative ;top:30px;left:100px;}
.logo h3 {position: absolute;right:0px;top:120px;}
```

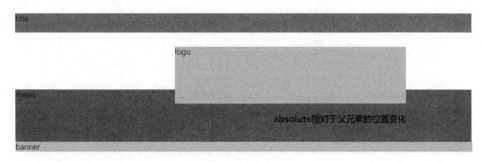

图 2.19　absolute 定位

从图 2.19 中看出，h3 元素相对于其父元素 logo 区域，在 logo 右边距 0 px；距离 logo 上端 120 px；而 logo 区域本身的高度是 120 px；所以浮动到其右下方，超出边界。Web 前端开发时，经常采用 relative 作为父容器，子元素采用 absolute 定位设计下拉菜单。

（5）sticky 属性

sticky：黏性定位，它是基于滚动位置来定位的，有两种状态：页面没有滚动时，相当于 relative 定位，如图 2.20 所示；一旦滚动，相当于 fixed 定位，如图 2.21 所示。如：

```
.logo {width:500px;height: 120px;margin: auto; background: #F4CB65;position: sticky ;top:100px;}
```

图 2.21 为页面上下滚动前后的效果，滚动后，logo 元素锁定在距离浏览器上端 100 px 位置，该特性适合做浮动菜单。

图 2.20　sticky 定位浏览器未滚动状态

图 2.21　sticky 定位浏览器滚动状态

4 任务实践

1) 任务规划与详细分析

菜单规划示意图如图 2.22 所示。

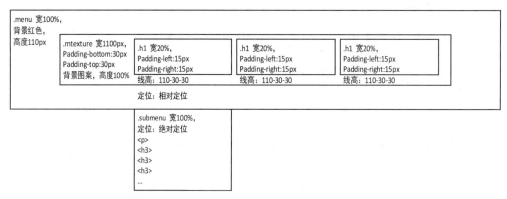

图 2.22 菜单设计规划示意图

该菜单外框以 100% 全屏显示,填充红色背景,中间菜单文字区实际宽度为 1 100 px,居中显示。采用 div 标签,左右边距设置为自动。鉴于主菜单文字垂直居中、水平居中显示,故设置 mtexture 样式上下 padding 各 30 px,菜单文字区实际高度仅有 110 px-30 px-30 px = 50 px。因此,设计 h1 标签显示主菜单文字,并设置 line-height:50 px,由于主菜单项右侧有竖线,可以设置右侧 border 属性。但是该主菜单有下拉菜单,该下拉菜单是作为整体一个 div 被 h1 包含,若设置在 h1 标签内,则 border 属性势必影响下拉菜单。因此,单独做一个 .line 样式,添加在 h1 标签下的 <a> 标签。

最后,对主菜单 h1 标签设置相对定位,即相对于自身的位置显示。下拉菜单设置为绝对定位,即相对于其父元素 h1 的位置显示。通常状况下,下拉菜单设置为 display:none,当鼠标滑过主菜单后,下拉菜单则显示为 display:block。

2) 制作菜单

步骤 1:将本项目下 initial.css 复制为 style.css,在 style.css 文件中修改菜单背景并填充背景花纹。

```
.menu {width:100% ;height: 110px;background:#e72919;}
.mtexture {width: 1100px; height: 100% ; padding-top:30px;padding-bottom: 30px; margin: auto; background-image:url(../images/menutexture.jpg);background-repeat: no-repeat, repeat; }
```

步骤 2:复制 czindex.html 并改名为 czmenu.html,在此基础上,创建菜单条目。

```
<nav class = "menu">
    <div class = "mtexture">
        <h1><a href = "#">首页</a></h1>
        <h1><a href = "#">红色基地</a></h1>
        <h1><a href = "#">红色印记</a></h1>
        <h1><a href = "#">信息反馈</a></h1>
        <h1><a href = "#">联系我们</a></h1>
    </div>
</nav>
```

由于 h1 标签是块级元素,所以会自动换行(图 2.23)。同时,字体呈现蓝色并带有下画线,这是由<a>标签的默认样式所决定的。接下来,我们将更改其样式为横向,并添加相应的样式设置(图 2.24)。

图 2.23　主菜单初始状态

.mtexture h1 {box-sizing: border-box; float:left; width: 20% ; line-height: 50px;text-align: center;}

图 2.24　主菜单横向分布图

步骤 3:添加右侧竖线样式:. line {border-right:#FBF8F8　solid 3px;}。

```
<div class = "mtexture">
    <h1><a href = "#" class = "line">首页</a></h1>
    <h1><a href = "#" class = "line">红色基地</a></h1>
    <h1><a href = "#" class = "line">红色印记</a></h1>
    <h1><a href = "#" class = "line">信息反馈</a></h1>
    <h1><a href = "#" class = "line">联系我们</a></h1>
</div>
```

步骤 4:上述文字鼠标滑过文字变为白色,并添加下画线、背景#f7c372。

.mtexture h1 a {color: aliceblue;text-decoration: none;display: block;}
.mtexture h1 a:hover {color: aliceblue;text-decoration:underline;display: block;background:#f7c372; }

效果如图 2.25 所示。

图 2.25　主菜单伪类效果

步骤 5:制作下拉菜单。

在"红色基地"的 h1 标签中添加下拉菜单元素。

```
<h1><a href = "#" class = "line">红色基地</a>
    <div class = "submenu">
        <p></p>
        <h3 class = "subground"><a href = "#" >基地简介</a></h3>
```

```
            <h3 class="subground"><a href="#">地图导航</a></h3>
            <h3 class="subground"><a href="#">组织架构</a></h3>
            <h3 class="subground"><a href="#">基地视界</a></h3>
        </div>
    </h1>
```

步骤6：设置下拉菜单的大小、背景,下拉菜单的文字效果及鼠标划过的效果。

```
.submenu {width:100% ; }
.subground {background:#f7c372;}
.submenu p{height:35px;background-image: url(../images/submenu-tip.png);}
.submenu h3 {font-size: 20px; height:40px;line-height:40px;}
.submenu h3 a{display: block;}
.submenu h3 a:hover{text-decoration:underline;   display: block;background:#BD6B03;}
```

步骤7：修改下拉菜单定位和隐藏。

```
.submenu {width:100% ;display: none;position: absolute;}
.mtexture h1 {box-sizing: border-box; float:left; width: 20% ; line-height: 50px;text-align: center;position: relative;}
```

步骤8：添加主菜单滑过显示下拉菜单的样式。

```
.mtexture h1:hover .submenu {display: block;}
```

至此菜单制作完成,效果见图2.26。

图2.26

图2.26 菜单最终效果

任务3 新闻模块的制作

1 任务描述

本节任务目标是制作"常州红色教育基地"网站主页中的新闻模块。

2 理解任务

从效果图(图2.27)可以看出:该新闻模块分为四部分,标题内容不同,样式相同,可以采用背景填充方法,设置统一背景,文字采用h标签,设置阴影;每行显示两块新闻栏目,内部布局基本相同,可以设置栏目为div标签,宽度占比为50%,box-sizing设置为border-box,

左浮动；文字标题区带有下画线，采用 border 属性设计。为了实现上述目标，必须具备与前端设计相关的字体、阴影、边框技能。

图 2.27　新闻模块

图 2.27

3 技能储备

1）使用系统默认字体

（1）使用 font-family 选择字体

所有的网页都是通过浏览器解析的，浏览器支持多种字体，无论是本地的操作系统字体、链接的 Web 字体还是嵌入式自定义字体，都可以通过 font-family 特性进行选择，如下所示：

```
p {
Font-family:Times New Roman;
}
或
h3 {
Font-family:宋体;
}
```

如果在浏览器解析过程中不支持上面所用的字体，应提供一些额外的选项作为备用。这些备用字体被称为字体堆栈（font stack），可以通过用逗号分隔的方式来指定多个字体系列。例如：

```
h3 {
Font-family:隶书,黑体,宋体;
}
```

（2）使用 font-size 设置字体大小

font-size 用于设置字体的大小，例如：

```
h5 {
Font-family:宋体,黑体;
Font-size: 18px;
}
```

上述字体大小单位采用的是绝对单位，以像素表示，其中，1 英寸=2.54 厘米，对应的排版单位有皮咔（pc）、点（pt）和像素（px），1 英寸=6 皮咔或 72 点或 96 像素。

设备的分辨率不同，屏幕上显示的字体大小也会有差异。如果要比较准确地按照物理尺寸进行打印，那么使用绝对单位是非常必要的。而如果是在屏幕上显示，则使用相对单位更好，因为相对单位是相对于设备尺寸而言的。相对单位有两种形式：文本相对（font-relative）和视口相对（viewport-relative）。

文本相对单位是相对于字体大小而言，包括 em（字体大小）、ex（字体高度）、ch（零宽度）、rem（根字体大小）。

em 是一种相对单位，它的大小取决于其父元素的字体大小。例如，如果一个元素的字体大小是 1 em，且其父元素的字体大小是 12 px，那么这个元素的字体大小就是 12 px。如果设置字体大小为 2 em，那么它的字体大小将是父元素字体大小的两倍。ex 被定义为小写"x"字符的高度。ch 被定义为字符"0"的宽度。rem 是相对于根元素（通常为 html 元素）的字体大小而确定的。可以看出，单位 em、ex、ch 是根据当前的字体大小调整的，而 rem 是根据根元素大小调整的，在任何地方都是大小一致的，如果希望保持一致，则使用 rem。

视口相对单位包括视口宽度（vw）、视口高度（vh）、视口最小值（vmin）以及视口最大值（vmax）。这些单位是相对于呈现设备的 1% 而言的。例如某个浏览器的视口是 1 400 像素宽度×800 像素高度，那么 1 vw=14 px，1 vh=8 px。

除了上述绝对单位和相对单位外，还可以使用一组已定义的关键字，浏览器会根据用户的字体设置将这些关键字映射到物理单位。这些关键字有 xx-small、x-small、small、medium、large、x-large 和 xx-large。此外，还可以使用另外两个关键字来设置相对于父元素字体大小的字体大小，它们是 smaller 和 larger。

最后，可以使用百分比表示字体大小，比如"font-size:120%;"将会使字体大小比父元素的字体大小大 20%。

（3）使用 color 设置颜色

字体颜色使用 color 属性设置，属性值可以采用 6 位十六进制数前加上#表示，如下所示：

```
p {
Font-family:宋体,黑体;
Font-size: 18px;
Color:# 6F6465;
}
```

对于习惯使用三基色配比的用户来说，可以使用 rgb(128, 255, 30)，上述数值范围为 0~

255。也可以采用百分比,rgb(100%,100%,100%)(表2.2)。rgb函数还可以接收第四个参数,代表alpha透明度,如rgb(128,255,30,0.5),第四个数值取值范围为0~1。

表2.2

表2.2 颜色值

颜色(Color)	颜色十六进制(Color HEX)	颜色 RGB(Color RGB)
	#000000	rgb(0,0,0)
	#FF0000	rgb(255,0,0)
	#00FF00	rgb(0,255,0)
	#0000FF	rgb(0,0,255)
	#FFFF00	rgb(255,255,0)
	#00FFFF	rgb(0,255,255)
	#FF00FF	rgb(255,0,255)
	#C0C0C0	rgb(192,192,192)
	#FFFFFF	rgb(255,255,255)

此外也可以采用颜色关键字表示,目前所有浏览器都支持这些关键字,共有141个颜色关键字,在一些网页设计的可视化软件中也会以列表的形式呈现。表2.3列出了部分颜色对应的关键字和颜色对比图。

表2.3

表2.3 颜色值对应的关键字

颜色名	HEX	Color
Alice Blue	#F0F8FF	
Antique White	#FAEBD7	
Aqua	#00FFFF	
Aquamarine	#7FFFD4	
Azure	#F0FFFF	
Beige	#F5F5DC	
Bisque	#FFE4C4	
Black	#000000	
Blanched Almond	#FFEBCD	
Blue	#0000FF	
Blue Violet	#8A2BE2	
Brown	#A52A2A	

(4) 设置间距和对齐

文字的字号是文字的纵向大小,而不是横向宽度,所以,设置间距可以采用以下属性:

① 字符间距:通过 Letter-spacing 属性调整字符之间的间距。如果是正值,则创建字符之间的额外空间;如果是负值,则删除空间,字符之间可能产生重叠。此属性可以使用绝对单位和相对单位。

② 单词间距:Word-spacing 属性会影响单词和内敛元素之间的空间。

③ 行高:可利用 Line-height 属性指定每行文本的垂直空间。

④ 水平对齐:水平对齐使用 text-align 属性,其属性值包括 left、right、center、justify。

⑤ 垂直对齐:垂直对齐使用 vertical-align 属性,但是效果并不是特别直观。该属性主要应用于表格的单元格。对于其他内容,仅适用于 inline 和 inline-block 元素。属性值有:

- Baseline:元素的基线与父元素基线对齐。
- Bottom:元素的底部与当前行的底部对齐。
- Middle:元素的中间与父元素的基线加上父元素中字母 x 的高度的一半对齐。
- Sub:基线与父元素的下标基线对齐。
- Super:基线与父元素的上标基线对齐。
- Text-bottom:元素的底部与父元素的底部对齐。
- Text-top:元素的顶部与父元素的顶部对齐。
- Top:元素的顶部与当前行的顶部对齐。

(5) 设置文字阴影

Text-shadow 特性为文本添加阴影。该特性接收一个颜色值以及三个距离值。格式如下:

```
Text-shadow: x y z color ;
```

其中,x 代表横向偏移量,y 是纵向偏移量,z 是模糊半径。严格遵循上述顺序,z 值为可选参数,默认为 0。x 和 y 是必须项,代表阴影相对于文本的位置,可以为正值或负值(图 2.28)。

如:<p>本节文本采用了文字阴影效果</p>

```
p {font-size: x-large;text-shadow: 10px 5px 3px #b63d2f;}
```

本节文本采用了文字阴影效果

图 2.28 文字的阴影效果

2) 使用自定义字体

在 css3 中,可以使用@ font-face 规则来引入多种自定义字体,从而实现网页中的字体美化。

(1) 引入字体

使用自定义字体,应先将字体文件存放在网站文件夹。@ font-face 规则可以接受多个属性,包括 font-family、src、font-weight、font-style 等。例如:

```
@font-face {
  font-family: 'MyFont';
  src: url('myfont.ttf');
  font-weight: normal;
  font-style: normal;
}
```

上述代码中，定义了一个名为"MyFont"的字体，字体文件为"myfont.ttf"，字体的粗细为正常，字体的样式为正常。

在定义完字体后，可以在 css 样式中使用该字体。

```
body {
  font-family: 'MyFont', sans-serif;
}
```

上述代码中，将 MyFont 字体应用于 body 元素。如果该字体无法加载，则使用默认的 sans-serif 字体。

（2）字体格式

TrueType(.ttf)：TrueType 是 Windows 和 Mac 系统最常用的字体格式。其最大的特点是由一种数学模式来进行定义的基于轮廓技术的字体，这使得它们比基于矢量的字体更容易处理，保证了屏幕与打印输出的一致性。同时，这类字体和矢量字体一样可以随意缩放、旋转而不必担心会出现锯齿。

EOT：Embedded Open Type（.eot），EOT 是嵌入式字体，是微软开发的技术，允许 OpenType 字体用@font-face 嵌入网页并下载至浏览器渲染，存储在临时安装文件夹下。

OpenType（.otf）：OpenType 是微软和 Adobe 共同开发的字体，微软的 IE 浏览器全部采用这种字体，致力于替代 TrueType 字体。

WOFF：Web Open Font Format（.woff），WOFF（Web 开发字体格式）是一种专门为了 Web 而设计的字体格式标准，实际上是对于 TrueType/OpenType 等字体格式的封装，每个字体文件中含有字体以及针对字体的元数据（Metadata），字体文件被压缩，以便于网络传输。

SVG：（scalable vector graphics）Fonts（.svg），SVG 是由 W3C 制定的开放标准的图形格式。SVG 字体就是使用 SVG 技术来呈现的字体，还有一种 gzip 压缩格式的 SVG 字体。

3）添加边框线的样式

在前面的任务中，我们简短地接触了边框特性。接下来将详细讲述边框特点。

（1）边框线样式种类

共有 11 个边框属性，分别为 solid、dashed、dotted、double、groove、hidden、inset、outset、ridge、inherit、none。其中 hidden、none 不显示边框，inherit 代表继承上一级边框特性。为了展示上述 8 种可见边框样式效果，使用 div 标签，并应用了 box 这一公共样式和各自独特的样式。

```
<section>
    <div class="box solid">solid</div>
    <div class="box dashed">dashed</div>
    <div class="box dotted">dotted</div>
    <div class="box double">double</div>
```

```
        <div class = "box groove">groove</div>
        <div class = "box inset">inset</div>
        <div class = "box outset">outset</div>
        <div class = "box ridge">ridge</div>
</section>
```

给 section 标签设置背景颜色#E1F0AB,给 box 样式设置固定大小和背景颜色#80D4ED,并设置文字居中以及 display: inline-block;属性,使 div 标签以页内元素形式横向分布。

```
section { background: #E1F0AB;}
.box { display: inline-block;
       width:100px;
       height: 50px;
       margin:10px;
       background:#80D4ED;
       text-align: center;
       line-height: 50px; }
```

然后,应用 border-style 规则,对每个选择器设置边框样式(图 2.29)。此处,没有设置边框的宽度和颜色。

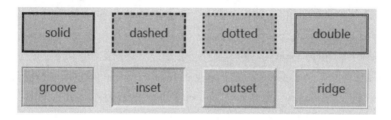

图 2.29　边框样式

浏览器使用了默认值,上述边框宽度默认为 3px,颜色默认为黑色。

图 2.29

(2) 单独设置边线

边框(border)有三个属性,即边框宽度、边框线形及边框颜色,分别对应 border-width、border-style 和 border-color 关键字。可以单独设置任何一个边框,四条边可以相同,也可以不同(图 2.30、图 2.31)。在设置边框宽度时,必须同时设置边框的线形,否则不显示效果。

```
.solid {
        border-style: solid;
        border-top-width: 3px;
        border-right-width: 5px;
        border-bottom-width: 7px;
        border-left-width:9px;
        border-color: brown;
}
```

边框的三个属性可以简写在一行代码中,例如:

```
.dotted {
        border-top:3px solid red;
        border-right:3px dotted blue;
        border-bottom:3px double orange;
        border-left:3px dashed black;
}
```

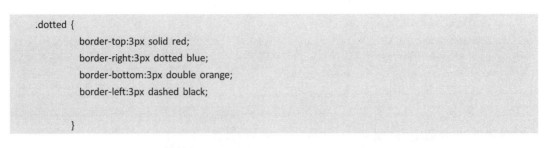

图 2.30　边框样式一　　图 2.31　边框样式二

4 任务实践

效果图如图 2.27 所示。

分析:该区域总体宽度为 1 100 px×70%,依据设计草图(图 2.32)知,上方标题区高度为 85 px,四个标题区只是名字不同,背景图片相同。可以采用切图的方法,切出图像作为标题区共用背景图。标题区的文字采用阴影样式,字体为黑体,大小为 36 px,颜色为#ea512e,阴影颜色为#dbdbdc。新闻小标题字体为黑体,大小为 18 px,颜色为#88827b。"详细"链接颜色为#f6c373。分区域设计示意图如图 2.32 所示。

图 2.32　新闻区设计示意图

制作分两部分,分别为功能部分和样式细化部分。

步骤 1:将 czmenu.html 文件复制,改名为 cznews.html。在 <div class = " connews" ></div>之间制作标题区。

根据设计草图,切出背景图(345 px×85 px),并在前端页面添加相应的 div 元素。

```
<div class = "connews">
    <div class = "news_bg">
        <h2>通知公告</h2>
        <h3>more</h3>
    </div>
</div>
```

步骤 2：给标题应用样式。

.connews {width:50% ;height: 350px; box-sizing: border-box;float:left;}
.news _ bg {position: relative; background-image: url (../images/new _ bg.png); height: 85px; background-repeat: no-repeat;}
.news_bg h2{position: absolute;left: 40px;bottom:20px;}
.news_bg h3{position: absolute;right: 55px;bottom:15px;color: #A7A3A3;}

步骤 3：细化样式，给标题添加阴影（图 2.33）。

.news_bg h2{position: absolute;left: 40px;bottom:20px;font-family: "黑体";font-size: 36px;font-weight: bold;color: #ea512e;text-shadow:5px 5px 2px #dbdbdc; }

图 2.33　新闻区标题

步骤 4：制作新闻图像文字混排区。
分别添加两个 div 标签，并设置左浮动。

```
<div class = "box-a">
<img src = "images/you.JPG">
</div>
<div class = "box-b">
<h5>关于纪念馆南侧书房修缮通知</h5>
<h5><a href = "#">【详细】</a></h5>
</div>
```

上述代码在样式为"box-a"的 div 标签中插入一幅图像，在样式为"box-b"的 div 标签中插入两个 h5 标签，分别设置样式。

.box-a {width:60% ;float:left;height: 50% ;}
.box-a img {max-width: 100% ;}
.box-b {width:40% ;float:left;padding:20px;box-sizing: border-box;height: 50% ;display: table;}
.box-b h5 {display:table-row;}
.box-b h5:nth-child(2){display: table-cell;vertical-align: middle;}

上述代码是将图像右侧两行文本以表格行的形式显示，具体参见本项目下个任务 display：table 的说明。

步骤 5：制作新闻文字链接，该区域可以采用<ul>和<li>标签完成。

```
<ul>
<li><a href = "#">&bull;宣传部招聘实习生通知</a></li>
```

```
            <li><a href = "#">&bull;通用办公用具采购项目询价公告</a></li>
            <li><a href = "#">&bull;关于基地与地方院校合作的项目通知</a></li>
        </ul>
样式.connews ul li { list-style:none;line-height: 30px;}
```

步骤6：细化样式，给链接文字添加样式，去除链接文字默认的下画线，添加鼠标滑过效果，并添加<li>标签底部 border 边线。

```
.box-b h5 a {text-decoration: none;font-family:"黑体";color:#f6c373; display: block;}
.box-b h5 a:hover {text-decoration: underline;display: block;color:indianred;}
.connews ul {padding-right: 25px;}
.connews ul li { list-style:none;line-height: 30px;border-bottom: dashed 2px #88827b;}
.connews ul li a {text-decoration: none;font-family:"黑体";font-size: 18px;color:#88827b; display: block;}
.connews ul li a:hover {text-decoration: underline solid indianred;display: block;    }
```

步骤7：去除新闻区整体 div 标签背景，恢复为默认的白色背景，一行添加两个新闻模块（图2.34）。本块区域代码最终如下：

```
<div class = "conl">
    <div class = "connews">
    <div class = "news_bg">
        <h2>通知公告</h2>
        <h3>more</h3>
    </div>
    <div class = "box-a">
    <img src = "images/you.JPG" alt = "">
    </div>
    <div class = "box-b">
    <h5>关于纪念馆南侧书房修缮通知</h5>
    <h5><a href = "#">【详细】</a></h5>
    </div>
    <div class = "cls"></div>
    <ul>
        <li><a href = "#">&bull;宣传部招聘实习生通知</a></li>
        <li><a href = "#">&bull;通用办公用具采购项目询价公告</a></li>
        <li><a href = "#">&bull;关于基地与地方院校合作的项目通知</a></li>
    </ul>
    </div>
    <div class = "connews">
    <div class = "news_bg">
        <h2>党建专栏</h2>
        <h3>more</h3>
    </div>
    <div class = "box-a">
    <img   src = "images/267A97911.JPG" alt = "">
    </div>
    <div class = "box-b">
    <h5>常纺党日活动专题报道</h5>
    <h5><a href = "#">【详细】</a></h5>
```

```
        </div>
        <div class = "cls"></div>
        <ul>
            <li><a href="#">&bull;常州红色基地第三次党员代表大会</a></li>
            <li><a href="#">&bull;回眸奋进 扬帆起航--基地组织交流活动</a></li>
            <li><a href="#">&bull;深入学习新质生产力的内涵</a></li>
        </ul>
        </div>
    </div>
```

样式

.conbox {width: 1100px; height: 720px; margin-left: auto; margin-right: auto; padding-top: 10px; padding-bottom: 10px;}

.conl {width:70% ; height: 100% ; float: left;}

.connews {width:50% ;height: 350px; box-sizing: border-box;float:left;}

.news_bg {position: relative;background-image: url(../images/new _bg.png);height: 85px;background-repeat: no-repeat;}

.news_bg h2{position: absolute;left: 40px;bottom:20px;font-family: "黑体";font-size: 36px;font-weight: bold;color: #ea512e;text-shadow:5px 5px 2px #dbdbdc; }

.news_bg h3{position: absolute;right: 55px;bottom:15px;color: #A7A3A3;}

.box-a {width:60% ;float:left;height: 50% ;}

.box-a img {max-width: 100% ;}

.box-b {width:40% ;float:left;padding:20px;box-sizing: border-box;height: 50% ;display: table;}

.box-b h5 {display: table-row; font-family:"黑体";font-size: 18px;color:#88827b;}

.box-b h5:nth-child(2){display: table-cell;vertical-align: middle;}

.box-b h5 a {text-decoration: none;font-family:"黑体";color:#f6c373; display: block;}

.box-b h5 a:hover {text-decoration: underline;display: block;color:indianred;}

.connews ul {padding-right: 25px;}

.connews ul li { list-style:none;line-height: 30px;border-bottom: dashed 2px #88827b;}

.connews ul li a {text-decoration: none;font-family:"黑体";font-size: 18px;color:#88827b; display: block;}

.connews ul li a:hover {text-decoration: underline solid indianred;display: block;   }

图2.34 新闻区上半部分

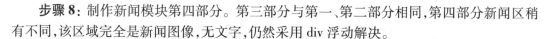

步骤 8：制作新闻模块第四部分。第三部分与第一、第二部分相同，第四部分新闻区稍有不同，该区域完全是新闻图像，无文字，仍然采用 div 浮动解决。

```
<div class="connews">
    <div class="news_bg">
        <h2>红色记忆</h2>
        <h3>more</h3>
    </div>
    <div class="box-a">
        <img src="images/267A9882.JPG" alt="">
    </div>
    <div class="box-b">
        <h5>恽代英：中国青年永远的楷模</h5>
        <h5><a href="#">【详细】</a></h5>
    </div>
    <div class="cls"></div>
    <ul>
        <li><a href="#">&bull;一段关于瞿秋白的"提案"</a></li>
        <li><a href="#">&bull;坚韧与牺牲--张太雷</a></li>
        <li><a href="#">&bull;红色记忆 现代引领--常州三杰</a></li>
    </ul>
</div>
<div class="connews">
    <div class="news_bg">
        <h2>基地风光</h2>
        <h3>more</h3>
    </div>
        <div class="box-c">
            <a href="#"><img src="images/IMG_9696.JPG" alt=""></a><br>
            <a href="#"><img src="images/IMG_9602.JPG" alt=""></a>
    </div>
    <div class="box-d">
    <a href="#"><img src="images/20240306160540.jpg" alt=""></a>
    </div>
    <div class="cls"></div>
</div>
```

样式为

```
.box-c {width:50% ;float:left;}
.box-c img {max-width: 100% ;}
.box-d {width:50% ;float:left;padding: 0px 5px 0px 5px;box-sizing: border-box;}
.box-d img {max-width: 100% ;}
```

至此，新闻模块制作完成(图2.35)。

图2.35　新闻区最终效果图

任务4　制作快捷链接区

1 任务描述

本节任务目标是制作"常州红色教育基地"网站主页中的快捷链接区，见图2.36。

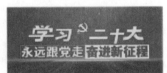

图2.36　快捷链接区

2 理解任务

从效果图可以看出，该区域1行分3列，各列宽度不一，元素纵向居中对齐。针对这种布局，可以考虑采用表格化设计。表格化设计包含两层含义：其一是使用表格元素，如

table、tr 等来构建表格的基本框架;其二是利用 div、p、h 等标签修改其 display:table 属性,从而细化表格的内容和样式。对于一行多列的情况,采用 display:flex 弹性布局更合适。但是,本节以表格化为例。因此,我们应先掌握表格元素的使用及表格化布局的技能。

3 技能储备

1) 设置基本表格样式

假设某餐饮店提供外卖的品种、数量等如表 2.4 所示。

表 2.4 某餐饮店外卖情况表

菜品名称	可供数量	价格	缩略图	菜品介绍
双色鱼头	20	38		湘菜经典,色香俱全
辣炒仔鸡	15	58		大火爆炒,香味浓郁
家乡小鱼	30	38		苏北特色,咸辣适中
青花椒鱼片	10	78		酸辣可口,汤浓味鲜

在页面中输入以下代码,添加表格元素:

```
<table>
<caption>外卖菜品清单</caption>
<thead>
  <tr>
    <th>菜品名称</th>
    <th>可供数量</th>
    <th>价格</th>
    <th>缩略图</th>
    <th>菜品介绍</th>
  </tr>
</thead>
<tbody>
  <tr>
    <th>双色鱼头</th><td>20</td><td>38</td>
    <td><img src = "images/mmexport1714290111483.jpg" alt = ""></td>
    <td>湘菜经典,色香俱全</td>
  </tr>
  <tr>
    <th>辣炒仔鸡</th><td>15</td><td>58</td>
    <td><img src = "images/mmexport1714290102787.jpg" alt = ""></td>
    <td>大火爆炒,香味浓郁</td>
  </tr>
  <tr>
    <th>家乡小鱼</th><td>30</td><td>38</td>
    <td><img src = "images/mmexport1714289973692.jpg" alt = ""></td>
    <td>苏北特色,咸辣适中</td>
  </tr>
  <tr>
    <th>青花椒鱼片</th><td>10</td><td>78</td>
```

```
            <td><img  src = "images/mmexport1714290084085.jpg" alt = ""></td>
            <td>酸辣可口,汤浓味鲜</td>
        </tr>
    </tbody>
<tfoot>
    <tr>
        <th>总计</th><td>75</td><td></td><td></td><td></td>
    </tr>
    </tfoot>
</table>
```

效果图如图 2.37 所示。

图 2.37 表格显示外卖清单

上述表格没有做任何样式设置,没有边框、边距和对齐等属性。

(1) 边框

可以在四种元素上设置边框:table(表格)、caption(标题)、th(表头单元格)和 td(数据单元格)。tr 是容器元素,其自身并没有任何可见的内容。与之相似的 thead、tbody、tfoot 都是容器元素,都没有可见的内容。可以对它们应用样式,这些样式将被其子元素继承,但是边框属性无法被继承。

为了更直观地查看表格样式效果,对上述表格做如下标注,如表 2.5 所示。

表 2.5 外卖清单表格元素结构

th	th	th	th	th
th	td	td	td	td
th	td	td	td	td
th	td	td	td	td
th	td	td	td	td

利用如下 css 规则对表格和单元格做了边框,结果如图 2.38 所示。

```
table {
        border:2px solid black;
    }
th,td { border:1px solid black; }
```

图 2.38　添加表格边框样式图

从图 2.38 可以看出，每个单元格周围都有一个边框。然而，浏览器会在边框之间添加一个空间，该空间的大小由 border-spacing 特性控制，其默认值是 2px。如果要删除该空间，则设置 border-spacing 的值为 0。该属性写在 table 选择器中，添加 border-spacing：0px，结果如图 2.39 所示。

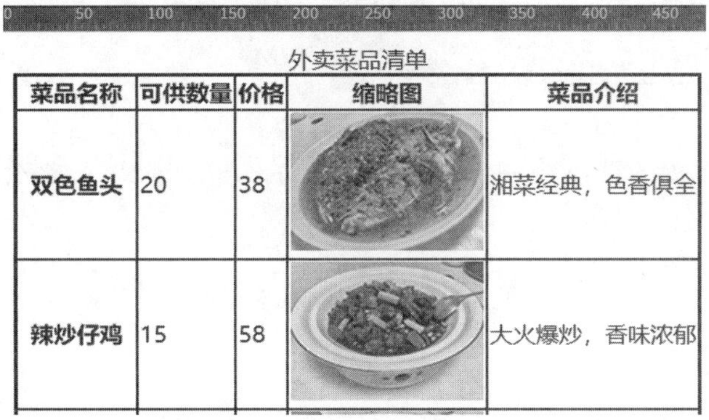

图 2.39　删除边框间距后表格样式图

从图上看，虽然边框间距没有了，但是边框变粗了。实际上是因为边框连接在一起，只是把边框间距取消了，所以看上去边框线变粗。使用 border-collapse 属性可使单元格共享一个公共边框，属性值为 separate 或 collapsed。结果如图 2.40 所示。

图 2.40　单元格边框共享后表格样式图

(2) 行边框

如前文所述,不能给 tr 标签直接添加边框,只能为其中的单元格(th,td)添加边框。在上一节也提到过可以给标签四个方向单独设置边框。结合这一特性,设置单元格上下边框线,从而形成行边框。将上述表格的 css 规则重新设置为:

```
table {
        border:2px solid black;
        border-collapse: collapse;
      }
th,td { border-top: 1px solid black;
        border-bottom: 1px solid black;}
```

应用样式后的表格如图 2.41 所示。

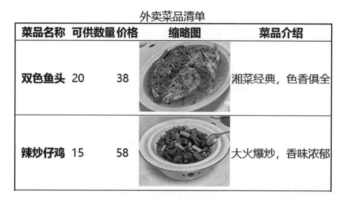

图 2.41　应用样式后表格图

2) 标题及对齐

(1) 标题

标题(caption)虽然是嵌在表格元素内,但是外观显示是独立的。如要改变标题样式,需要对 caption 单独设置样式。为了让标题和表格外观一致,此处将标题边框宽度设置为 2px。

```
table caption {
        border-style: solid;
        border-color: black;
        border-width:2px 2px 0px 2px; //顺序为上右下左
    }
```

(2) 对齐

对齐可以采用 text-align 和 vertical-align 两个特性,分别代表水平对齐和垂直对齐(图 2.42)。

```
td:nth-of-type(1){
        width: 150px;
         text-align: center;
        }
```

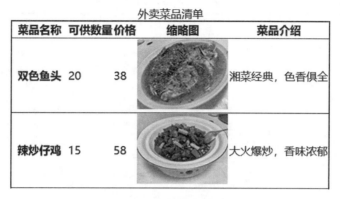

图 2.42　设置居中和对齐

（3）设置背景

设置 th 标签灰色背景。

```
th {
        background:#BAB5B5;
    }
```

设置偶数行背景。

```
tr:nth-of-type(even)>td{
        background:#C4B98F;
    }
```

添加单元格背景后如图 2.43 所示。

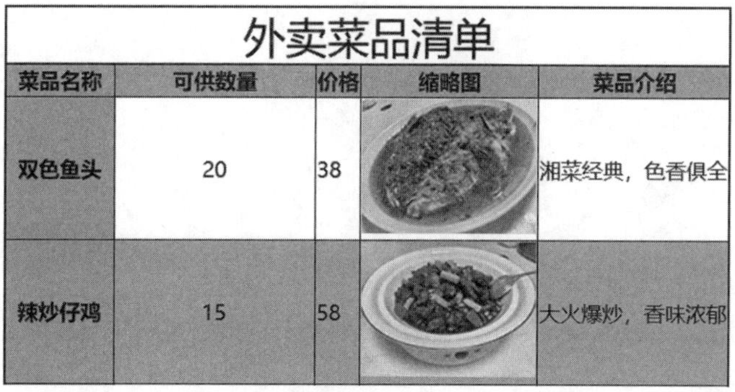

图 2.43　添加单元格背景

3）使用 css 布局非表格元素

前面的项目中多次使用 display 特性，可设置为 block 和 inline。然而，display 特性还有更多的与表格相关的属性值。事实上，表格元素诸如 caption、tr、td 等都有默认的 display 属性值，显示方式都是由这些 display 属性值决定的。因此，非表格元素，如 h3 标签、p 标签等也可以以表格元素方式呈现。它是由 display 特性值所决定的，只需要将其设置为特定的 display 属性值即可。表 2.6 列出了表格元素对应的默认 display 属性值。

表2.6 表格化元素属性

HTML 元素	display 默认值	HTML 元素	display 默认值
table	table	tbody	table-row-group
caption	table-caption	tfoot	table-footer-group
thead	table-header-group	col	table-column
tr	table-row	colgroup	table-column-group
th,td	table-cell		

此处,仍然以上一节外卖菜单表格为例,采用 h3、p 标签实现非表格元素的表格化显示。首先给出页面元素代码:

```
<body>
    <div class="tablestyle">
    <div class="head row">
    <h3>菜品名称</h3>
    <h3>可供数量</h3>
    <h3>价格</h3>
    <h3>缩略图</h3>
    <h3>菜品介绍</h3>
    </div>
    <div class="body row">
    <h3>双色鱼头</h3><p>20</p><p>38</p>
    <p><img src="images/mmexport1714290111483.jpg" alt=""></p>
    <p>湘菜经典,色香俱全</p>
    </div>
    <div class="body row">
    <h3>辣炒仔鸡</h3><p>15</p><p>58</p>
    <p><img src="images/mmexport1714290102787.jpg" alt=""></p>
    <p>大火爆炒,香味浓郁</p>
    </div>
    <div class="body row">
    <h3>家乡小鱼</h3><p>30</p><p>38</p>
    <p><img src="images/mmexport1714289973692.jpg" alt=""></p>
    <p>苏北特色,咸辣适中</p>
    </div>
    <div class="body row">
    <h3>青花椒鱼片</h3><p>10</p><p>78</p>
    <p><img src="images/mmexport1714290084085.jpg" alt=""></p>
    <p>酸辣可口,汤浓味鲜</p>
    </div>
    <div class="foot row">
    <h3>总计</h3><p>75</p><p></p><p></p><p></p>
    </div>
    </div>
</body>
```

由于 h3 和 p 标签都是块级标签，导致它们各自占据一整行，从而使得呈现效果凌乱（图 2.44）。

双色鱼头

20

38

湘菜经典，色香俱全

图 2.44　非表格元素显示

应用如下 css 规则：

```
<style>
  .tablestyle {
      display: table;
      border: 2px solid black;
      border-collapse: collapse;
      background: #ddb;
  }
  .row {display:table-row;}
  .row>h3, .row>p {
      display: table-cell;
      border:1px solid black;
      padding:5px;
      vertical-align: middle;
  }
  .row img {
      display: table-cell;
      vertical-align: middle;
      margin:0 auto;
  }
  /* 对齐*/
  .row >h3 {
      text-align: center;
          font-size: medium;}
  .row >p:nth-child(2) { /* 可供数量*/
      text-align: right;
  }
  .row >p:nth-child(3) { /* 价格*/
      text-align: right;
  }
</style>
```

将非表格元素表格化显示后,效果如图 2.45 所示。

视频 2-10

图 2.45　非表格元素表格化显示

4) 使用表格化特性实现图文混排

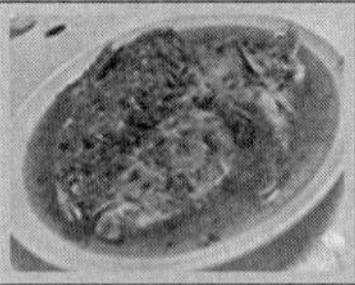

如果在页面上实现两个或多个元素对齐,使用表格化布局是非常方便的。例如,有一张小图像和一些注释性文本,需要让图像与文本横向排列、垂直对齐,可创建如下页面标记:

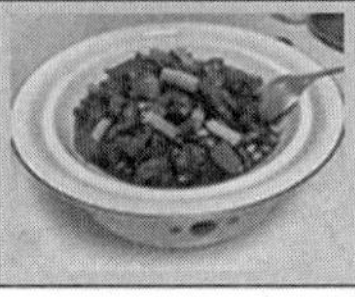

```
<div class="center_line">
    <div><img src="images/wintersweet.jpg" alt="腊梅" width="200px"></div>
    <p>蜡梅,又名腊梅,是一种在寒冬腊月绽放的中国传统名花。其花朵特征显著,花朵直径约 2~4 厘米,呈黄色,具有浓郁的芳香。蜡梅的花瓣质地似蜡,色泽黄似蜂房,这也是其名字的由来之一。据《礼记》记载,古代十二月的一种祭祀称为"蜡",而蜡梅恰在此时开放,故得名"蜡梅"。此外,蜡梅与腊梅的名称可以通用,因为"蜡"字在秦代被"腊"字取代,使得两者在字面上可以互换。
    北宋文学家黄庭坚曾评价蜡梅,认为其花瓣的蜡质特性和酷似蜜蜂酿蜜房的颜色,是蜡梅定名的依据。蜡梅不仅以其花朵著称,更以其坚韧不拔的品质赢得人们的赞赏。它象征着高风亮节、傲骨铮铮,即使在寒冷的冬季,也能迎风绽放,散发出淡雅的香气,传递着春天的讯息。
    蜡梅的文化意蕴丰富,常在古诗词中出现,象征思念和高洁。它的花朵虽小,却以其独特的蜡质光泽和浓烈的香味,成为冬日里的一抹亮色,给人以温暖和希望。蜡梅的花语包括慈爱之心、高尚的心灵,寓意着忠实、独立、坚毅等美好品质,是中华民族精神的象征。</p>
</div>
```

使用 display:inline,该属性值可以将块级元素改变为页内元素,从而实现图像文本的同行显示(图 2.46)。

```
.center_line div,.center_line p
    {
        display: inline;
    }
.center_line img {
        width:150px;
        border-radius: 50% ;
    }
```

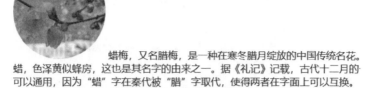

图 2.46　表格元素同行显示

尽管上述图像与文字在同一行显示,但是,并不能在垂直方向上对齐,而 table-cell 具有横向纵向的对齐属性,因此,采用 display:table-cell 表格化上述元素(图 2.47)。

```
.center_line div,.center_line p
   {
      /* display: inline;* /
      display: table-cell;
      text-align: left;
      vertical-align: middle;
      padding: 10px;
   }
   .center_line img {
      width:150px;
      border-radius: 50% ;
   }
```

图 2.47　表格元素同行垂直对齐显示

4　任务实践

1) 任务规划与详细分析

红色教育基地新闻区右侧快捷链接及下方快捷链接区的效果图如图 4.48～图 4.50 所示。

分析:该部分任务包括三个主要内容。其一,制作基地微语。从图上可看出,微语"常州"标志、"常州红色基地微博账号"、"加关注"分别为图像、文本、按钮,三个元素在同一行,垂直方向对齐,适合采用表格化元素处理。其二,制作快捷链接区。该区域由三张图片链接组成,在同一行,也适合采用表格化元素处理。其三,制作微课堂与留言板链接区。从版面上看,两个区域布局完全一致,可以采用 div 标签进行布局,各占 50% 的宽度,左右分布。内部采用 p 标签显示条目信息。对于区域内的图片,采用 p 标签进行包含,并通过绝对定位的方式使其浮动在右上角。

图 2.48 新闻区右边栏

图 2.48

图 2.49 快捷链接区

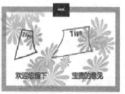

图 2.50 底部快捷链接区

图 2.50

2)"基地微语"模块制作

步骤1：接上节，复制 cznews. html 文件并改名为 czlink. html，在 < slider class = "conr" ></slider>标签内先添加"基地微语"的开头图片。

<img style = "display: block; margin: auto;" src = "images/weiyu.jpg" alt = "">

步骤2：插入表格化元素。

```
<div class = "wei_title">
    <h3><img src = "images/wei_logo.png" alt = ""></h3>
    <h3>常州红色基地<br>微博账号    V</h3>
    <h3><button class = "butt_guan">加关注</button></h3>
</div>
```

对表格化头部区添加 css 规则。

```
.wei_title {display:table;width: 95% ;margin-top: 30px;margin-bottom: 20px;margin-left: auto; margin-right: auto;}
.wei_title h3 {display: table-cell;vertical-align: middle;padding-right: 10px;box-sizing: border-box;font-family:"黑体";font-size: 20px;color:#88827b;}
```

表格化显示后如图 2.51 所示。

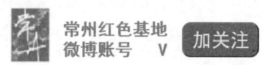

图 2.51 表格化显示

步骤3：添加剩余其他元素。

```
<div class = "wei_box">
    <p id = "wei_biaoti">在基地新盆栽［心］［加油］</p>
    <img id = "wei_img" src = "images/20240306tree.jpg" alt = "">
    <p><h4 id = "wei_time" class = "wei_font" >42 分钟前</h4>
    <h4 id = "wei_comment" class = "wei_font" ><a href = "#" class = "cls_underline">转发</a>|
        <a href = "#" class = "cls_underline">评论</a></h4>
    </p>
</div>
<div class = "wei_box">
    <p class = "wei_fen"> <h2 id = "wei_number" class = "float_left">TA 的粉丝(32170)</h2><h2>  <a href = "#">全部》</a></h2></p>
    <div class = "wei_imgtext">
    <img src = "images/wei_01.png" alt = ""><br>
    <h5>随风 Iam</h5>
    </div>
    <div class = "wei_imgtext">
    <img src = "images/wei_02.png" alt = ""><br>
    <h5>惠芬和煦</h5>
    </div>
```

```
<div class = "wei_imgtext">
    <img src = "images/wei_03.png" alt = ""><br>
    <h5>noone</h5>
</div>
```

步骤 4：添加完整的 css 样式。

```
.conr {width:30% ; height: 100% ; float: right;border: red 2px solid;box-sizing: border-box;}
.wei_title {display:table;width: 95% ;margin-top: 30px;margin-bottom: 20px;margin-left: auto; margin-right: auto;}
.wei_title h3 {display: table-cell;vertical-align: middle;padding-right: 10px;box-sizing: border-box;font-family:"黑体";font-size: 20px;color:#88827b;}
.butt_guan {width: 90px;height: 40px;background:#1f736a;border-radius: 10px; font-family:"黑体";font-size: 22px; color:#FBF7F7;}
.wei_box {width: 95% ; margin-top: 30px; margin-bottom: 30px;margin-left: auto; margin-right: auto; overflow: auto;}
#wei_biaoti {font-family:"宋体";font-size: 22px;color:#88827b;}
#wei_img {max-width: 80% ;padding: 5px;margin-top:15px;margin-bottom: 15px;border:1px #858282 solid;}
#wei_time {float:left;}
#wei_comment {float:right;}
.wei_font {font-family:"宋体"; font-size: 20px;color: #6999d1;}
.wei_box h4 a {font-family:"宋体"; font-size: 20px;color: #6999d1; text-decoration: none;}
.float_left {float:left;}
.wei_box h2 {font-family:"黑体"; font-size: 24px;color: #88827b;}
.wei_box h2 a {font-family:"黑体"; font-size: 24px;color: #6999d1; text-decoration: none;}
.wei_fen {margin:10px 0px;}
.wei_imgtext {margin:30px 0px; width:30% ; text-align: center;float:left;font-family:"黑体";font-size: 18px;color: #88827b;}
```

3）快捷图片链接区的制作

步骤 1：使用 photoshop 切图工具从效果图中切出 3 张快捷链接区图片，分别保存为 png 格式，图像高度为 169 px，3 张图片总宽度小于 1 100 px。

步骤 2：前端页面写入如下 html 元素。

```
<div class = "imlink tablestyle " >
<div class = "row">
    <p><a href = "#"><img src = "images/link_01.png" alt = ""></a></p>
    <p><a href = "#"><img src = "images/link_02.png" alt = ""></a></p>
    <p><a href = "#"><img src = "images/link_03.png" alt = ""></a></p>
</div>
</div>
```

步骤 3：添加如下 css 样式。

```
.imlink {width:1100px;height: 185px;margin-left: auto;margin-right: auto;}
.tablestyle {display: table;}
.row{display: table-row;}
.row >p {display:table-cell;vertical-align: middle; text-align: right;}
.row >p:nth-child(1){text-align: left;}
.row >p:nth-child(2){text-align: center;}
```

4）微课堂和留言板快捷链接区的制作

步骤1：添加页面元素。

```
<div class="half line">
<p class="lesson_margin"><button class="butt_lesson">微课堂</button></p>
<p class="lesson_margin"><a href="#">&bull;青年微课第一讲</a></p>
<p class="lesson_margin"><a href="#" style="color: orange;">【视频】</a></p>
<p class="lesson_margin"><a href="#">&bull;基地线上课程之瞿秋白</a></p>
<p class="lesson_margin"><a href="#">&bull;青少年微课第五讲--常州三杰</a></p>
<p class="lesson_margin lesson_pos"><a href="#"><img src="images/lesson.png" alt=""></a></p>
</div>
```

步骤2：设计 half 及 line 样式，half 用于重复使用，左右各占 50% 的 div 标签。

```
.half{width: 50% ;height: 330px;float:left; position: relative;}
.line{border-right: 1px solid #958483;}
```

步骤3：添加按钮样式。

```
.butt_lesson {width: 180px;height: 66px;background:#b7dfd9;border-radius: 10px; font-family:"楷体";font-size: 26px;color:tomato;border:2px solid #958483; box-shadow: 3px 3px 2px 0px grey; }
```

按钮的样式主要是设置了背景颜色、字体颜色、大小、边框以及元素的阴影（图 2.52），其中阴影采用 box-shadow 实现。

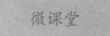

图 2.52　阴影效果按钮

步骤4：给链接条目的 p 标签添加样式。

```
.lesson_margin{margin-top:30px;margin-bottom:30px;}
.half p a {text-decoration: none;font-family:"黑体";font-size: 20px;color:#88827b; display: block;}
.half p a:hover{text-decoration: underline solid indianred;display: block; }
.half>p:nth-child(3){width: 50% ; text-align: center;}
```

步骤5：添加图片并设置其绝对定位。

```
.lesson_pos{position: absolute;top:0px;right: 50px;}
```

步骤6：修改 half 样式，添加 box-sizing：border-box；和 padding：10px；属性。

```
.half{width: 50% ;height: 330px;float:left;box-sizing: border-box;padding: 10px;position: relative;}
```

步骤7：将"微课堂"模块页面元素整体复制并在紧接着的位置粘贴一份，修改文字内容为"留言板"（图 2.53）。

图 2.53　底部快捷链接区

项目三

修饰网页动态效果

本项目是采用css3.0新增特性,如过渡、变换、动画、弹性布局等要素给网页添加动态效果。涉及的知识标签如图3.1所示。

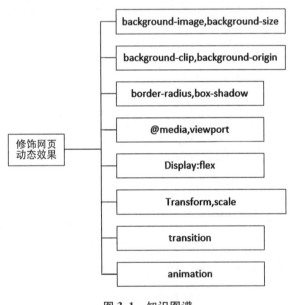

图3.1 知识图谱

任务1 现代网页元素样式美化

1 任务描述

利用css3的边框、背景、渐变、阴影等新特性来美化网页元素,如按钮、导航栏和卡片布局。一个典型的应用是创建一个电子商务网站的产品展示页面,使用css3的这些特性增强视觉吸引力。如图3.2所示。

图 3.2 产品展示

2 理解任务

图 3.2 为产品展示页面,每个产品有 1 个阴影边框,当鼠标滑过时阴影有变化。产品以一行 3 个的布局显示,下方设有分页按钮。从直观上看,需要熟悉背景、阴影、边框等基本技能。

3 技能储备

1) css3 背景

css3.0 对元素的背景增加了多个属性,使得使用更加灵活,如使用 background、background-image、background-size、background-origin、background-clip 等属性。

（1） background-image

当设计网页时,css3 的 background 属性提供了丰富的功能,包括背景颜色、背景图片、背景大小以及背景位置等。

background-image

background-image 属性用于设置一个背景图片。你可以通过指定图片的 URL 来设置背景。如果要用多张图片来创建图案或者纹理,使用逗号分隔多个值。

示例代码：

```
div {
    background-image: url('example.jpg');
}
```

视频 3-1

（2） background-size

background-size 属性用于设置背景图片的大小。你可以指定长度、百分比或关键字（如 cover 或 contain）来调整背景图片的尺寸。cover 表示背景图片会被拉伸或缩放以完全覆盖背景区域,也可能会裁切部分图片；contain 表示背景图片会被拉伸或缩放以适应背景区域,且会保持完整的图片内容。

示例代码：

```
div {
    background-image: url('example.jpg');
    background-size: cover;
}
```

(3) background-origin

background-origin 属性用于设置背景图片的定位区域。默认情况下,背景图片是相对于元素的内容框定位的。可以通过设置 background-origin 为 padding-box 或 border-box 改变背景图片的定位。

```
<!doctype html>
<html>
<head>
<meta charset="utf-8">
<title>无标题文档</title>
    <style>
        * {margin:0px;padding:0px;}
        div {width: 300px;height:300px;padding: 50px;
         background-image: url("images/example.jpg");background-origin: content-box;background-repeat: no-repeat;
         border:1px dashed;}
    </style>
</head>
<body>
    <div>
        <h3>background-orign</h3>
        <p>背景图片的定位</p>
    </div>
</body>
</html>
```

实例图片 example.jpg 的尺寸为 100 px×100 px (图 3.3)。

(4) background-clip

background-clip 属性用于设置背景的绘制区域。默认情况下,背景会延伸到元素的边框盒子区域。可以通过设置 background-clip 为 padding-box 或 content-box 改变背景的绘制区域。

background-origin 属性用于指定背景图片的定位区域,而 background-clip 属性用于指定背景的绘制区域。

图 3.3 background-origin 属性效果

将上述代码的 background-origin 改为 background-clip,可以看出,由于 padding 占据 50 px,background-clip 属性用于指定背景的绘制区域。example.jpg 占据宽度为 100 px,实际到达 content-box 时只剩下 100 px−50 px=50 px。

视频 3-2

具体来说,background-origin 指定了背景图片在元素框中的起始位置,也就是说,它决定了背景图片在元素框内部的定位。可以以内容框、填充框(padding-box)或者边框框(border-box)为起始点。而 background-clip 则指定了背景的绘制区域,也就是用来裁剪背景的区域。同样可以选择内容框、填充框或边框框作为绘制区域。

因此,虽然两者看上去有些相似,但实际上控制着背景图片的不同方面。background-origin 决定了背景图片的定位,而 background-clip 决定了背景的绘制区域(图 3.4)。

(5) 设置多个背景图

css3.0 允许设置多个背景图,多个背景图之间以逗号隔开。

```
#example1 {
    background-image: url("images/example.jpg"), url("images/example2.jpg");
    background-position: right bottom, left top;
    background-repeat: no-repeat, repeat;
    padding: 15px;
}
```

图 3.4　background-clip 属性效果

视频 3-3

2) 边框

css3.0 允许对边框的圆角、阴影、边框图进行设置。

(1) border-radius(圆角)

① 添加圆角

使用 border-radius 属性给前端页面元素添加圆角(图 3.5),如图像、标签等。

图 3.5　圆角图片

```
<p class = "rad"></p>
    <img src = "images/wintersweet.jpg" width = "200px" height = "200px" style = "border-radius: 15px;margin: 10px;">
    .rad {width: 200px;height:200px;background: #87DD77;border-radius: 15px;margin: 10px;float: left;}
```

② 设定每个圆角

可以对标签的四个角单独设置不同的圆角属性值(图 3.6)。

```
.rad {width: 200px;height:200px;background: #87DD77;border-radius: 15px 25px 10px 5px;margin: 10px;float: left;}
```

四个值：第一个值为左上角，第二个值为右上角，第三个值为右下角，第四个值为左下角。

三个值：第一个值为左上角，第二个值为右上角和左下角，第三个值为右下角。

两个值：第一个值为左上角与右下角，第二个值为右上角与左下角。

一个值：四个圆角值相同。

如果分开写，采用如下四个属性标记 css3 圆角属性（表 3.1）。

图 3.6 不同圆角值图片

表 3.1 圆角属性

属性	描述
border-radius	所有四个边角 border-radius 属性的缩写
border-top-left-radius	定义了左上角的弧度
border-top-right-radius	定义了右上角的弧度
border-bottom-right-radius	定义了右下角的弧度
border-bottom-left-radius	定义了左下角的弧度

border-radius 属性值也可以是百分比，如 border-radius:50% 代表圆形。

（2）设置盒子阴影

css3 中的 box-shadow 属性被用来添加阴影。

在 div 中添加 box-shadow 属性：

```
div{box-shadow: 10px 10px 5px #888888;}
```

① box-shadow 属性语法

box-shadow 属性接受值最多由五个不同的部分组成。

box-shadow：offset-x offset-y blur spread color position；表示的意思为：{box-shadow：x 轴偏移量、y 轴偏移量、阴影模糊半径、阴影扩展半径、阴影颜色、投影方式}。

不像其他的属性，比如 border，它们的接受值可以被拆分为一系列子属性，box-shadow 属性没有子属性。这意味着记住这些组成部分的顺序更加重要，尤其是那些长度值。

② offset-x

第一个长度值指明了阴影水平方向的偏移，即阴影在 x 轴的位置。值为正数时，阴影在元素的右侧；值为负数时，阴影在元素的左侧。

```
.left { box-shadow: 20px 0px 10px 0px rgba(0,0,0,0.5) }
.right { box-shadow: -20px 0px 10px 0px rgba(0,0,0,0.5) }
```

③ offset-y

第二个长度值指明了阴影竖直方向的偏移，即阴影在 y 轴的位置。值为正数时，阴影在元素的下方；值为负数时，阴影在元素的上方。

```
.left { box-shadow: 0px 20px 10px 0px rgba(0,0,0,0.5) }
.right { box-shadow: 0px -20px 10px 0px rgba(0,0,0,0.5) }
```

④ blur

第三个长度值代表了阴影的模糊半径,具体来说,它决定了阴影的模糊程度,类似于在设计软件中使用高斯模糊滤波器所带来的效果。值为 0 意味着该阴影是固态而锋利的,完全没有模糊效果。值越大,阴影越不锋利,进而越朦胧/模糊。负值是不合法的,会被修正成 0。

```
.left { box-shadow: 0px 0px 0px 0px rgba(0,0,0,0.5) }
.middle { box-shadow: 0px 0px 20px 0px rgba(0,0,0,0.5) }
.right { box-shadow: 0px 0px 50px 0px rgba(0,0,0,0.5) }
```

⑤ spread

第四个长度值代表了阴影扩展半径,其值可以是正负值。如果值为正,则整个阴影都延展扩大,反之若值为负,则阴影缩小。前提是存在阴影模糊半径。

```
.left { box-shadow: 0px 0px 0px 0px rgba(0,0,0,0.5) }
.middle { box-shadow: 0px 0px 20px 20px rgba(0,0,0,0.5) }
.right { box-shadow: 0px 0px 50px 50px rgba(0,0,0,0.5) }
```

⑥ color

color 的值是指阴影的颜色,可以是任意的颜色单元。

```
.left { box-shadow: 0px 0px 20px 10px #67b3dd }
.right { box-shadow: 0px 0px 20px 10px rgba(0,0,0,0.5) }
```

⑦ position

此参数是一个可选值,如果不设值,其默认的投影方式是外阴影。

如果取其唯一值"inset",则将外阴影变成内阴影。也就是说设置阴影类型为"inset"时,其投影就是内阴影。

```
.left { box-shadow: 0px 0px 20px 10px #67b3dd }
.right { box-shadow: 0px 0px 20px 10px rgba(0,0,0,0.5) inset}
```

3) 边框图

css3.0 中要使用 border-image 属性时,可以按照以下语法操作:

```
.element {
    border-image-source: url('path/to/image.png');
    border-image-slice: 30 fill; /* 你可以使用像素值替代百分比 */
    border-image-width: 10px; /* 你可以为上、右、下、左分别指定数值 */
    border-image-outset: 0; /* 你可以为上、右、下、左分别指定数值 */
    border-image-repeat: round; /* 你可以使用 stretch、repeat 或 round */
}
```

每个 border-image 的属性如下:

border-image-source:设置用作元素周围边框的图像。

border-image-slice：指定如何将图像切片为九个图像，以创建边框。你可以使用像素、百分比或 fill 等值。

border-image-width：设置边框图像的宽度。

border-image-outset：指定边框图像区域延伸超出边框的量。

border-image-repeat：定义边框图像如何重复。

例如创建一个尺寸为 144 px×144 px 的边框图像（图 3.7）：

图 3.7　边框原图

```html
<! doctype html>
<html>
<head>
<meta charset = "utf-8">
<title>无标题文档</title>
    <style>
    .bord_image {
    width: 200px;
    height: 200px;
    margin: 10px;
    border-image-source: url("images/border_img2.png");
    border-image-slice: 20;
    border-image-width: 10px;
    border-image-outset: 0;
    border-image-repeat:round;;
    border-width: 10px; /* 设置常规的边框宽度，作为不支持 border-image 的浏览器的备用 */
    border-style: solid;
    border-color: #000;
    }
    </style>
</head>
<body>
    <div class = "bord_image"></div>
</body>
</html>
```

上述代码执行效果如图 3.8 所示。

border-image-slice 属性会对 border-image 效果产生显著影响。它定义了边框图像的切片方式，决定了如何将图像分割以用作边框。

当 border-image-slice 的值过大或者过小时，都可能导致边框图像显示不如预期。过大的值可能导致边框图像被分割得过于细小，使得边框效果不明显；而过小的值可能导致整个边框图像都被显示在每一个边框上，也会影响视觉效果。

图 3.8　边框填充图

为了找到合适的 border-image-slice 值，可以尝试不同的数值并观察效果。通常情况下，边框图像的切片值应该适度，使得边框效果比较均衡地分布在整个边框上。

如上案例中，将 border_img2 尺寸改为 60 px×60 px，甚至更小后，效果完全不同。

4 任务实践

css3 的各种新特性可以用来美化电子商务网站中的产品展示页面,如边框、背景、渐变、阴影等。如图 3.9 所示。

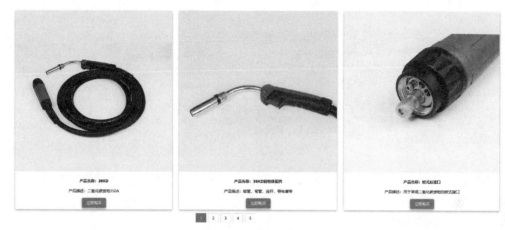

图 3.9 产品展示页面

任务分析:

从图上可以看出产品展示页面每行三个产品,下方为分页链接。每个产品由一个虚拟框包含,框边缘有阴影,当鼠标滑过时会产生新的阴影,下方分页链接按钮也是鼠标滑过效果。据此可以使用 css3.0 阴影的属性设置。

步骤 1: 新建 html5 页面"css3_propage.html",并添加前端元素。

```
<body>
<div class="navbar">
  <a href="#home">首页</a>
  <a href="#products">产品</a>
  <a href="#contact">联系我们</a>
</div>
<h1>产品展示</h1>
<div class="card">
  <img src="images/prod1.jpg" alt="Product 1" style="width:100%">
  <div class="container">
    <h4><b>产品名称:36KD</b></h4>
    <p>产品描述:二氧化碳焊枪 350A</p>
    <a href="#" class="button">立即购买</a>
  </div>
</div>
<div class="card">
  <img src="images/prod2.jpg" alt="Product 2" style="width:100%">
  <div class="container">
    <h4><b>产品名称:36KD 前枪体配件</b></h4>
    <p>产品描述:喷管,弯管,连杆,导电嘴等
    </p>
    <a href="#" class="button">立即购买</a>
  </div>
</div>
```

```html
<div class = "card">
    <img src = "images/prod3.jpg" alt = "Product 3" style = "width:100% ">
    <div class = "container">
        <h4><b>产品名称:欧式后接口</b></h4>
        <p>产品描述:用于常规二氧化碳焊枪的欧式接口</p>
        <a href = "#" class = "button">立即购买</a>
    </div>
</div>
<div class = "pagination">
    <a href = "#" class = "active">1</a>
    <a href = "#">2</a>
    <a href = "#">3</a>
    <a href = "#">4</a>
    <a href = "#">5</a>
</div>
</body>
```

步骤2：添加菜单样式,在<head></head>标签中添加如下样式:/*导航栏样式*/。

```css
.navbar {
    overflow: hidden;
    background-color: #333;
}
.navbar a {
    float: left;
    display: block;
    color: #f2f2f2;
    text-align: center;
    padding: 14px 16px;
    text-decoration: none;
}

.navbar a:hover {
    background-color: #ddd;
    color: black;
}
```

步骤3：添加产品展示框的卡片样式,在<head></head>标签中继续添加如下样式:/*卡片布局样式*/。

```css
.card {
    box-shadow: 0 4px 8px 0 rgba(0,0,0,0.2);
    transition: 0.3s;
    width: 30% ;
    margin: 15px;
    float: left;
}

.card:hover {
    box-shadow: 0 8px 16px 0 rgba(0,0,0,0.2);
}

.container {
    padding: 2px 16px;
    text-align: center;
}
```

步骤4：添加按钮样式，在<head></head>标签中继续添加如下样式：/＊按钮样式 ＊/。

```css
.button {
    padding: 10px 20px;
    background-color: #4CAF50;
    color: white;
    border: none;
    border-radius: 5px;
    text-align: center;
    text-decoration: none;
    display: inline-block;
    font-size: 16px;
    margin: 4px 2px;
    transition-duration: 0.4s;
    cursor: pointer;
    box-shadow: 0 4px 8px 0 rgba(0,0,0,0.2);
}
```

步骤5：添加分页链接样式，在<head></head>标签中继续添加如下样式：/＊分页链接样式 ＊/。

```css
.pagination {
    clear:both;
    width:30% ;
    margin:0px auto;
}
.pagination a {
    color: black;
    float: left;
    padding: 8px 16px;
    text-decoration: none;
    transition: background-color .3s;
    border: 1px solid #ddd;
    margin: 0 4px;
}
.pagination a.active {
    background-color: #4CAF50;
    color: white;
    border: 1px solid #4CAF50;
}
.pagination a:hover:not(.active) {background-color: #ddd;}
```

任务2　响应式布局设计

1 任务描述

使用 css3 的媒体查询（media queries）和 flexbox 或 grid 布局系统来创建一个响应式网

页布局,确保网页在不同设备和屏幕尺寸上都能良好展示。典型应用:设计一个响应式的个人博客页面,能够适应手机、平板电脑和桌面显示器。

2 理解任务

本次任务是制作一个博客页面,该页面每行显示3块数据(图3.10)。当浏览器窗口变小,在平板电脑上显示时,则每行显示两块数据。同样道理,当浏览器适配手机端时,则每行只显示1列数据。图3.10为桌面显示器效果,图3.11是手机端显示效果。从上述得知,完成此任务应感知浏览器的尺寸,同时前端元素应能够适配浏览器尺寸自适应调整。

图3.10 桌面显示效果

图3.11 手机端显示

3 技能储备

1)弹性盒子(flexbox)

弹性盒子是 css3 的一种新型布局方式。当页面需要适应不同的屏幕大小以及设备类型时,flexbox 能确保元素拥有恰当的行为。

视频 3-4

弹性盒子由弹性容器(flex container)和弹性子元素(flex item)组成。弹性容器通过设置 display 属性的值为 flex 或 inline-flex 将其定义为弹性容器。弹性容器内包含了一个或多个弹性子元素(表 3.2)。

表 3.2 弹性盒子属性

属性	描述
display	指定 html 元素盒子类型
flex-direction	指定了弹性容器中子元素的排列方式
justify-content	设置弹性盒子元素在主轴(横轴)方向上的对齐方式
align-items	设置弹性盒子元素在侧轴(纵轴)方向上的对齐方式
flex-wrap	设置弹性盒子的子元素超出父容器时是否换行
align-content	修改 flex-wrap 属性的行为,类似 align-items,但不是设置子元素对齐,而是设置行对齐
flex-flow	flex-direction 和 flex-wrap 的简写
order	设置弹性盒子的子元素排列顺序
align-self	在弹性子元素上使用,覆盖容器的 align-items 属性
flex	设置弹性盒子的子元素如何分配空间

弹性容器外及弹性子元素内是正常渲染的。弹性盒子只定义了弹性子元素如何在弹性容器内布局。

弹性子元素通常在弹性盒子内一行显示。默认情况下每个容器只有一行子元素。

以下例子定义了一个弹性容器内包含三个弹性子元素,默认对齐方式(图 3.12):

```
<! doctype html>
<html>
<head>
<meta charset="utf-8">
<title>flex box</title>
    <style>
    .container {
   display: flex;
   width: 450px;
   height: 200px;
   background-color: lightgray;
}

.item {
   width: 100px;
```

```
      height: 100px;
      background-color: skyblue;
      margin: 5px; /* 可以调整子元素之间的间距 */
    }
    </style>
</head>

<body>
<div class="container">
    <div class="item">item1</div>
    <div class="item">item2</div>
    <div class="item">item3</div>
</div>
</body>
</html>
```

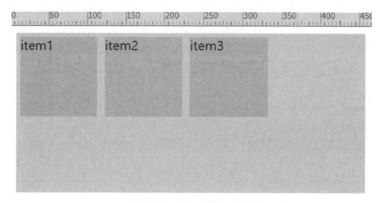

图 3.12　flex 默认对齐

在上面的示例中,.container 是弹性盒子的容器,宽度设置为 450 px,高度设置为 200 px,并采用灰色背景。.item 是弹性盒子的子元素,宽度和高度均设置为 100 px,并采用天蓝色背景。.container 使用 display：flex 开启弹性盒子布局。

(1) 弹性容器属性

① flex-direction

flex-direction 属性指定了弹性子元素在父容器中的排列方式。

flex-direction 语法如下:

```
flex-direction: row | row-reverse | column | column-reverse
```

各个值解析如下:

row:横向从左到右排列(左对齐),默认的排列方式。

row-reverse:反转横向排列(右对齐),从后往前排,最后一项排在最前面。

column:纵向排列。

column-reverse:反转纵向排列,从后往前排,最后一项排在最上面。

弹性容器样式应用于子元素,并使其以反转横向排列方式显示(图 3.13),可以添加以下 css 代码：

```
    .container {
  display: flex;
  width: 450px;
  height: 200px;
  flex-direction: row-reverse;
  background-color: lightgray;
}
```

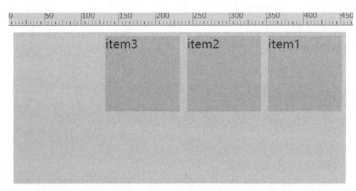

图 3.13　flex 反向排列

② justify-content 属性

justify-content 属性应用在弹性容器上，主要将弹性项沿着弹性容器的主轴线（main axis）对齐。

justify-content 语法如下：

justify-content: flex-start | flex-end | center | space-between | space-around

各个值解析如下：

flex-start：弹性项目向行头紧挨着填充。这个是默认值。第一个弹性项的 main-start 外边距边线被放置在该行的 main-start 边线上，后续弹性项依次平齐摆放。

flex-end：弹性项目向行尾紧挨着填充。第一个弹性项的 main-end 外边距边线被放置在该行的 main-end 边线上，后续弹性项依次平齐摆放。

center：弹性项目居中紧挨着填充。如果剩余的自由空间是负的，则弹性项目将在两个方向上同时溢出。

space-between：弹性项目平均分布在该行上。如果剩余空间为负或者只有一个弹性项，则该值等同于 flex-start。否则，第 1 个弹性项的外边距和行的 main-start 边线对齐，最后 1 个弹性项的外边距和行的 main-end 边线对齐，剩余的弹性项分布在该行上，相邻项目的间隔相等。

space-around：弹性项目平均分布在该行上，两边留有一半的间隔空间。如果剩余空间为负或者只有一个弹性项，则该值等同于 center。否则，弹性项目沿该行分布，且彼此间隔相等（比如 20 px），同时首尾两边和弹性容器之间留有一半的间隔（1/2×20 px = 10 px）。

③ align-items 属性

align-items 属性用于设置或检索弹性盒子元素在侧轴（纵轴）方向上的对齐方式（图 3.14）。

align-items 语法如下：

align-items: flex-start | flex-end | center | baseline | stretch

各个值解析如下：

flex-start：弹性盒子元素的侧轴（纵轴）起始位置的边界紧靠住该行的侧轴起始边界。

flex-end：弹性盒子元素的侧轴（纵轴）起始位置的边界紧靠住该行的侧轴结束边界。

center：弹性盒子元素在该行的侧轴（纵轴）上居中放置。如果该行的尺寸小于弹性盒子元素的尺寸，则会向两个方向溢出相同的长度。

baseline：如果弹性盒子元素的行内轴与侧轴为同一条，则该值与 flex-start 等效。其他情况下，该值将参与基线对齐。

stretch：如果指定侧轴大小的属性值为 auto，则其值会使项目的边距盒的尺寸尽可能接近所在行的尺寸，但同时会遵照 min/max-width/height 属性的限制。

将上述弹性容器盒子代码修改为：

```
.container {
    display: flex;
    width: 450px;
    height: 200px;
    background-color: lightgray;
    justify-content: space-around;
    align-items: center;
}
```

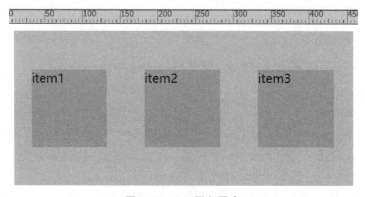

视频 3-5

图 3.14　flex 纵向居中

④ flex-wrap 及 align-content 属性

弹性盒子内部子元素默认是单行的，由 flex-wrap 决定。而 align-content 属性决定了子元素一旦多行以后的对齐问题。

flex-wrap 语法如下：

flex-wrap: nowrap |wrap |wrap-reverse |initial |inherit;

各个值解析如下：

nowrap：默认弹性容器为单行。该情况下弹性子元素可能会溢出容器。

wrap:弹性容器为多行。该情况下弹性子元素溢出的部分会被放置到新行,子项内部会发生断行。

wrap-reverse:反转 wrap 排列。

align-content 语法如下:

align-content: flex-start | flex-end | center | space-between | space-around | stretch

各个值解析如下:

flex-start:各行向弹性盒容器的起始位置堆叠。

flex-end:各行向弹性盒容器的结束位置堆叠。

center:各行向弹性盒容器的中间位置堆叠。

space-between:各行在弹性盒容器中平均分布。

space-around:各行在弹性盒容器中平均分布,两端保留子元素与子元素之间间距大小的一半。

stretch:默认各行将会伸展以占用剩余的空间。

以下代码内部弹性子元素换行。

```html
<!doctype html>
<html>
<head>
<meta charset="utf-8">
<title>flex box</title>
<style>
.container {
    display: flex;
    width: 450px;
    height: 200px;
    flex-wrap: wrap;
    align-content:flex-start;
    background-color: lightgray;
}
.item {
    width: 150px;
    height: 100px;

    background-color: skyblue;
    margin: 5px; /* 可以调整子元素之间的间距 */
}
</style>
</head>

<body>
<div class="container">
    <div class="item">item1</div>
    <div class="item">item2</div>
    <div class="item">item3</div>
</div>
</body>
</html>
```

上述子元素多行显示并在起始位置堆叠(图3.15)。

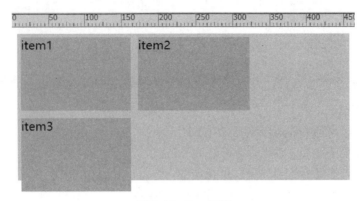

图 3.15　flex 换行

(2) 弹性子元素属性

① order

order：属性值,该属性值为整数,可以是负数,数值小的子元素排列在前方。

将上述弹性盒子的案例样式进行调整：

```
<style>
.container {
    display: flex;
    width: 450px;
    height: 200px;
    justify-content: space-around;
    align-items: center;
    background-color: lightgray;
}
.item {
    width: 100px;
    height: 100px;
    background-color: skyblue;
    margin: 5px; /* 可以调整子元素之间的间距 */
}
.one {
        order:-2;
    }
.two {
        order:-1;
    }
</style>
...
<div class = "container">
  <div class = "item">item1</div>
  <div class = "item one">item2</div>
  <div class = "item two">item3</div>
</div>
```

由于 item2、item3 分别使用了 order 负值,结果排在前列(图 3.16)。

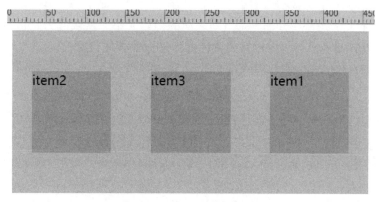

图 3.16　flex 子元素顺序

② align-self

align-self 属性用于设置弹性元素自身在侧轴(纵轴)方向上的对齐方式。

align-self 语法如下:

```
align-self: auto | flex-start | flex-end | center | baseline | stretch
```

各个值解析如下:

auto:如果 align-self 的值为 auto,则其计算值为元素的父元素的 align-items 值。如果其没有父元素,则计算值为 stretch。

flex-start:弹性盒子元素的侧轴(纵轴)起始位置的边界紧靠住该行的侧轴起始边界。

flex-end:弹性盒子元素的侧轴(纵轴)起始位置的边界紧靠住该行的侧轴结束边界。

center:弹性盒子元素在该行的侧轴(纵轴)上居中放置。如果该行的尺寸小于弹性盒子元素的尺寸,则会向两个方向溢出相同的长度。

baseline:如弹性盒子元素的行内轴与侧轴为同一条,则该值与 flex-start 等效。其他情况下,该值将参与基线对齐。

stretch:如果指定侧轴大小的属性值为 auto,则其值会使项目的边距盒的尺寸尽可能接近所在行的尺寸,但同时会遵照 min/max-width/height 属性的限制。

③ flex

在 css3 中,弹性盒子(flexbox)的布局是一种一维布局模型,用于在一个方向上(水平或垂直)排列子元素。flex 属性是用于弹性盒子容器中的子元素(flex items)的简写属性,用于控制这些子元素如何分配空间。

flex 属性是 flex-grow、flex-shrink 和 flex-basis 三个属性的简写。

flex 语法如下:

```
flex: <flex-grow> <flex-shrink> <flex-basis>;
```

各属性的含义如下:

flex-grow:定义子元素的放大比例。默认值为 0,表示即使有剩余空间,子元素也不会放大。如果设置为 1,子元素会等比例放大以填充剩余空间。

flex-shrink:定义子元素的缩小比例。默认值为 1,表示如果空间不足,子元素会等比例缩小。如果设置为 0,子元素不会缩小。

flex-basis:定义子元素在分配剩余空间之前的初始大小。默认值为 auto,表示子元素的初始大小为其内容的大小。可以设置为具体的像素值或其他长度单位。

以下是一些常见的 flex 属性设置示例:

- 默认值:

```
flex: 0 1 auto;
```

这表示子元素不会放大(flex-grow:0),会缩小(flex-shrink:1),初始大小为内容大小(flex-basis:auto)。

- 等比例放大:

```
flex: 1 1 auto;
```

这表示子元素会等比例放大(flex-grow:1),会缩小(flex-shrink:1),初始大小为内容大小(flex-basis:auto)。

- 固定大小,不放大不缩小:

```
flex: 0 0 200px;
```

这表示子元素不会放大(flex-grow:0),不会缩小(flex-shrink:0),初始大小为 200 px。

- 自动填充剩余空间:

```
flex: 1 0 auto;
```

这表示子元素会等比例放大(flex-grow:1),不会缩小(flex-shrink:0),初始大小为内容大小(flex-basis:auto)。

以下是一个完整的 html 和 css 示例,展示了如何使用 flex 属性:

```
<!DOCTYPE html>
<html lang="en">
<head>
    <meta charset="UTF-8">
    <meta name="viewport" content="width=device-width, initial-scale=1.0">
    <title>Flexbox Example</title>
    <style>
        .container {
            display: flex;
            border: 1px solid black;
        }
        .item {
            padding: 20px;
            border: 1px solid red;
        }
        .item1 {
            flex: 1 1 auto;
        }
```

```
            .item2 {
                flex: 2 1 auto;
            }
            .item3 {
                flex: 0 0 100px;
            }
        </style>
    </head>
    <body>
        <div class="container">
            <div class="item item1">Item 1</div>
            <div class="item item2">Item 2</div>
            <div class="item item3">Item 3</div>
        </div>
    </body>
</html>
```

在这个示例中,item1 会等比例放大和缩小,item2 会以两倍的比例放大和缩小,item3 固定大小为 100 px,不会放大也不会缩小。

在 css 中,flex 属性可以接受不同数量的参数,具体含义如下:

视频 3-6

① 一个参数

如果只有一个参数,这个参数可以是以下几种情况之一:

一个无单位的数字(如 flex:2),这将被解释为 flex-grow 的值。

一个有效的宽度值(如 flex:300px),这将被解释为 flex-basis 的值。

关键字 auto(如 flex:auto),这将被解释为 flex:1 1 auto。

关键字 none(如 flex:none),这将被解释为 flex:0 0 auto。

② 两个参数

如果有两个参数,第一个参数是 flex-grow 的值,第二个参数可以是以下几种情况之一:

一个无单位的数字,这将被解释为 flex-shrink 的值。

一个有效的宽度值,这将被解释为 flex-basis 的值。

③ 三个参数

如果有三个参数,第一个参数是 flex-grow 的值,第二个参数是 flex-shrink 的值,第三个参数是 flex-basis 的值。

具体解释:

flex: 2;

这表示 flex-grow 的值为 2,flex-shrink 的值为 1(默认值),flex-basis 的值为 0%(默认值)。

这意味着子元素会以 2 的比例放大,以 1 的比例缩小,初始大小为 0%。

例如:

```
.item {
    flex: 2;
}
```

等价于:

```
.item {
    flex-grow: 2;
    flex-shrink: 1;
    flex-basis: 0% ;
}
```

代码示例:

```
<!DOCTYPE html>
<html lang="en">
<head>
    <meta charset="UTF-8">
    <meta name="viewport" content="width=device-width, initial-scale=1.0">
    <title>Flexbox Example</title>
    <style>
        .container {
            display: flex;
            border: 1px solid black;
        }
        .item {
            padding: 20px;
            border: 1px solid red;
        }
        .item1 {
            flex: 2;
        }
        .item2 {
            flex: 1;
        }
    </style>
</head>
<body>
    <div class="container">
        <div class="item item1">Item 1</div>
        <div class="item item2">Item 2</div>
    </div>
</body>
</html>
```

在这个示例中,item1 会以 2 的比例放大,以 1 的比例缩小,初始大小为 0%。item2 会以 1 的比例放大,以 1 的比例缩小,初始大小为 0%。这意味着 item1 会比 item2 占用更多的空间。

2) css3 的多列属性

css3 可以将文本内容分成多列显示。表 3.3 列出了所有 css3 的多列属性。

表 3.3 css3 的多列属性

属性	描述
column-count	指定元素应该被分割的列数
column-fill	指定如何填充列
column-gap	指定列与列之间的间隙
column-rule	所有 column-rule-* 属性的简写
column-rule-color	指定两列间边框的颜色
column-rule-style	指定两列间边框的样式
column-rule-width	指定两列间边框的厚度
column-span	指定元素要跨越多少列
column-width	指定列的宽度
columns	column-width 与 column-count 属性的简写

如下案例演示了多列文本的分布,多列之间采用竖线隔开(图 3.17)。

```
<div class="countryside">
    2023 年中央一号文件释放改革信号,首提“和美乡村”…
</div>
…
<style>
        .countryside {
        column-count: 3;
        margin: auto;
        column-gap: 30px;
        width: 80% ;
        padding:15px;
        column-rule: 2px solid #ccc;}
</style>
```

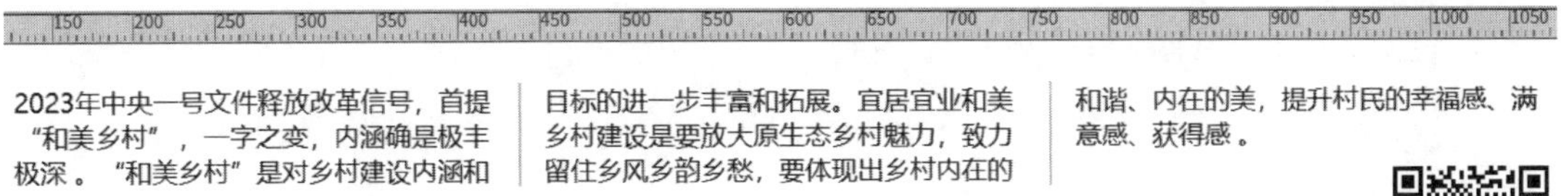
150 200 250 300 350 400 450 500 550 600 650 700 750 800 850 900 950 1000 1050
2023年中央一号文件释放改革信号，首提“和美乡村”，一字之变，内涵确是极丰极深。“和美乡村”是对乡村建设内涵和
目标的进一步丰富和拓展。宜居宜业和美乡村建设是要放大原生态乡村魅力，致力留住乡风乡韵乡愁，要体现出乡村内在的
和谐、内在的美，提升村民的幸福感、满意感、获得感。

图 3.17 css3 多列显示

视频 3-7

3）媒体查询

css 中的媒体查询(media queries)是一种强大的工具,它允许开发者根据设备的特性(如屏幕宽度、高度、分辨率等)来应用不同的样式。这使得响应式设计成为可能,从而使网页在不同设备上都能提供良好的用户体验。

(1)语法

媒体查询的基本语法如下:

```
@media not |only mediatype and (expressions) {
    css-Code;
}
```

not 或 only:可选的关键字,用于进一步限定媒体查询的范围。

mediatype:媒体类型,如 screen、print、speech 等。

expressions:表达式,用于定义具体的条件,如 max-width、min-width、orientation 等。

(2)媒体类型

常见的媒体类型包括:

all:适用于所有设备。

screen:主要用于屏幕显示设备。

print:用于打印预览模式下在屏幕上查看的分页材料和文档。

speech:用于语音合成器。

(3)示例

以下是一些媒体查询的示例:

示例1:根据屏幕宽度应用不同的背景颜色。

```
@media screen and (max-width: 600px) {
    body {
        background-color: lightblue;
    }
}

@media screen and (min-width: 601px) and (max-width: 900px) {
    body {
        background-color: lightgreen;
    }
}

@media screen and (min-width: 901px) {
    body {
        background-color: lightcoral;
    }
}
```

示例2:根据设备方向应用不同的样式。

```
@media screen and (orientation: portrait) {
    body {
        font-size: 16px;
    }
}
```

```
@ media screen and (orientation: landscape) {
  body {
    font-size: 14px;
  }
}
```

示例3：打印时的样式。

```
@ media print {
  body {
    font-size: 12pt;
    color: black;
  }
  .no-print {
    display: none;
  }
}
```

通过这些示例，可以看到媒体查询如何根据不同的设备特性和条件来应用不同的css样式，从而实现响应式设计的。

4）视窗

css中的视窗（viewport）是指浏览器中显示网页内容的区域，不包括浏览器的地址栏、工具栏等部分。视窗的大小和比例对于响应式设计至关重要，因为它决定了网页在不同设备上的显示效果。

为了确保网页在移动设备上正确显示，通常需要在html文件的<head>部分添加一个<meta>标签来设置视窗。这个标签告诉浏览器如何控制页面的尺寸和缩放。

最常用的视窗设置如下：

```
<meta name = "viewport" content = "width = device-width, initial-scale = 1.0">
```

width = device-width：将视窗的宽度设置为设备的宽度。
initial-scale = 1.0：设置初始缩放比例为1.0，即不进行缩放。
除了 width 和 initial-scale，还可以设置其他属性：
minimum-scale：设置最小缩放比例。
maximum-scale：设置最大缩放比例。
user-scalable：设置用户是否可以手动缩放页面。
例如：

```
<meta name = "viewport" content = "width = device-width, initial-scale = 1.0, minimum-scale = 1.0, maximum-scale = 1.0, user-scalable = no">
```

以下是一个完整的html文件示例，展示了如何设置视窗：

```
<! DOCTYPE html>
<html lang = "zh-CN">
<head>
  <meta charset = "UTF-8">
```

```
        <meta name = "viewport" content = "width = device-width, initial-scale = 1.0">
        <title>视窗设置示例</title>
        <style>
            body {
                font-size: 16px;
                padding: 20px;
            }
        </style>
    </head>
    <body>
            <h1>视窗设置示例</h1>
            <p>这是一个简单的网页,展示了如何设置视窗以适应不同设备。</p>
    </body>
</html>
```

通过设置视窗,可以确保网页在不同设备上都能正确显示,并提供良好的用户体验。

4 任务实践

使用 flex 弹性盒子结合媒体查询可以实现响应式页面设计。图 3.18 是一个博客页面布局样式,当使用电脑显示器时每行显示 3 个博文内容,使用平板电脑时每行显示 2 个博文内容,而使用手机查看时每行只显示 1 个博文内容。

图 3.18 博客页面

从图上可以看出标题、菜单和版权区都是 100% 宽度,这个宽度随着显示设备的变化而保持 100% 不变。响应式主要体现在中间主体部分,即博文内容区域。设计上可以考虑中间部分采用 flex 弹性盒子布局,三个博文内容是弹性子元素,弹性盒子应支持换行。采用媒体查询,可以调整弹性子元素的宽度。

具体实现步骤如下：

步骤 1：新建一个名为 blog.html 的文件，并添加前端页面元素。

```html
<body>
    <header>
        <h1 class="blog-title">我的个人博客</h1>
        <nav>
            <ul>
                <li><a href="#">首页</a></li>
                <li><a href="#">博文目录</a></li>
                <li><a href="#">关于我</a></li>
            </ul>
        </nav>
    </header>
    <main>
        <article class="post">
            <h2>博客标题1</h2>
            <p class="post-time">发表时间：2023-10-01</p>
            <p class="post-source">转载自：...</p>
            <div class="image-area">
                <img src="images/sample.png" alt="示例图片">
            </div>
            <p class="post-content">
                这是博客的文字内容。
            </p>
        </article>
        <article class="post">
            <h2>博客标题2</h2>
            <p class="post-time">发表时间：2023-10-02</p>
            <p class="post-source">转载自：...</p>
            <div class="image-area">
                <img src="images/sample.png" alt="示例图片">
            </div>
            <p class="post-content">
                这是博客的文字内容。
            </p>
        </article>
        <article class="post">
            <h2>博客标题3</h2>
            <p class="post-time">发表时间：2023-10-03</p>
            <p class="post-source">转载自：...</p>
            <div class="image-area">
                <img src="images/sample.png" alt="示例图片">
            </div>
            <p class="post-content">
                这是博客的文字内容。
            </p>
        </article>
```

```html
        </main>
    <footer>
<p>© 2023 My Blog. All rights reserved.</p>
</footer>
</body>
```

步骤 2：添加头部和版权区样式。

```css
    * {box-sizing: border-box;}
body {
    font-family: Arial, sans-serif;
    margin: 0;
    padding: 0;
    background-color: #f4f4f4;
}

header {
    background-color: #333;
    color: white;
    padding: 10px 0;
    text-align: center;
}

.blog-title {
    margin: 0;
    padding: 10px 0;
}

nav ul {
    list-style-type: none;
    margin: 0;
    padding: 0;
    display: flex;
    justify-content: center;
}

nav ul li {
    margin: 0 15px;
}

nav ul li a {
    color: white;
    text-decoration: none;
}
footer {
            width: 100% ;
            background-color: #333;
            color: #fff;
            padding: 10px 0;
```

```
        text-align: center;
    }
```

步骤3：添加弹性盒子及子元素样式。

```
main {
    padding: 20px;
    display: flex;
    flex-wrap: wrap;
    justify-content: space-around;
}

article.post {
    background-color: white;
    border: 1px solid #ddd;
    border-radius: 5px;
    box-shadow: 0 2px 5px rgba(0,0,0,0.1);
    margin: 10px;
    padding: 20px;
    width: calc(33.33% - 40px);
    text-align: center;
}

h2 {
    font-size: 1.5em;
    margin-bottom: 10px;
}

.post-time, .post-source {
    font-size: 0.9em;
    color: #666;
    margin-bottom: 5px;
}

.image-area {
    margin: 20px 0;
}

.image-area img {
    max-width: 100%;
    height: auto;
}

.post-content {
    line-height: 1.6;
}
```

步骤4：添加媒体查询样式。

```
@media (max-width: 600px) {
```

```
    article.post {
        width: calc(100% - 40px);
    }
}
@media (min-width: 601px) and (max-width: 1024px) {
    article.post {
        width: calc(50% - 40px);
    }
}
@media (min-width: 1025px) {
    main {
        max-width: 1200px;
        margin: 0 auto;
    }
    article.post {
        width: calc(33.33% - 40px);
    }
}
```

任务 3 2D/3D 转换和变换

1 任务描述

利用 css3 的 2D 和 3D 转换(transforms)功能,可实现网页元素的旋转、缩放、倾斜和平移效果。开发一个产品特性介绍页面,使用 3D 转换效果从不同视角展示产品(图 3.19、图 3.20)。

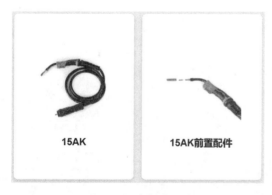

图 3.19 产品展示一

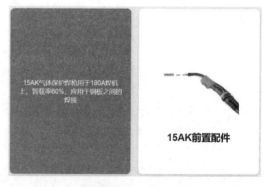

图 3.20 产品展示二

2 理解任务

css3 提供了 2D/3D 转换功能,可以实现网页元素的缩放和旋转功能,在商业应用上可以展示产品的不同视角。如上图所示,鼠标滑过,产品会产生翻转的效果,翻转后能显示产品参数和特性信息。该应用是典型的 2D 转换功能,要实现上述目标,首先需掌握 2D/3D 转换技能。

3 技能储备

1) css3 2D 转换

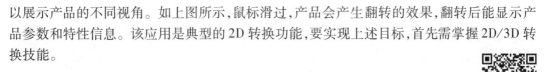

视频 3-8

css3 的 2D 变换允许开发者对 html 元素进行平移、旋转、缩放和倾斜等操作(表 3.4)。这些变换通过 transform 属性来实现,并且可以应用于任何块级元素。以下是详细的介绍和示例:

(1) 2D 变换的属性

translate(x, y):平移元素,x 和 y 分别表示在水平和垂直方向上的移动距离。

rotate(angle):旋转元素,angle 表示旋转的角度,单位可以是 deg(度)、rad(弧度)或 turn(圈)。

scale(x, y):缩放元素,x 和 y 分别表示在水平和垂直方向上的缩放比例。

skew(x-angle, y-angle):倾斜元素,x-angle 和 y-angle 分别表示在水平和垂直方向上的倾斜角度。

matrix(a, b, c, d, e, f):通过矩阵变换来实现复杂的变换,a、b、c、d、e、f 分别表示矩阵的六个参数。

表 3.4　2D 转换方法

函数	描述
matrix(n,n,n,n,n,n)	定义 2D 转换,使用六个值的矩阵
translate(x,y)	定义 2D 转换,沿着 X 轴和 Y 轴移动元素
translateX(n)	定义 2D 转换,沿着 X 轴移动元素
translateY(n)	定义 2D 转换,沿着 Y 轴移动元素
scale(x,y)	定义 2D 缩放转换,改变元素的宽度和高度
scaleX(n)	定义 2D 缩放转换,改变元素的宽度
scaleY(n)	定义 2D 缩放转换,改变元素的高度
rotate(angle)	定义 2D 旋转,在参数中规定角度
skew(x-angle,y-angle)	定义 2D 倾斜转换,沿着 X 轴和 Y 轴
skewX(angle)	定义 2D 倾斜转换,沿着 X 轴
skewY(angle)	定义 2D 倾斜转换,沿着 Y 轴

(2) 应用示例

① 平移(translate)

```
.translate-example {
    transform: translate(50px, 30px);
}
<div class="translate-example">这是一个平移的示例</div>
```

② 旋转（rotate）

```
.rotate-example {
    transform: rotate(45deg);
}
<div class="rotate-example">这是一个旋转的示例</div>
```

③ 缩放（scale）

```
.scale-example {
    transform: scale(1.5, 0.5);
}
<div class="scale-example">这是一个缩放的示例</div>
```

④ 倾斜（skew）

```
.skew-example {
    transform: skew(30deg, 20deg);
}
<div class="skew-example">这是一个倾斜的示例</div>
```

⑤ 矩阵变换（matrix）

```
.matrix-example {
    transform: matrix(1, 0.5, -0.5, 1, 10, 10);
}
<div class="matrix-example">这是一个矩阵变换的示例</div>
    matrix(scaleX(),skewY(),skewX(),scaleY(),translateX(),translateY())
```

scaleX()（水平缩放）：控制元素水平方向的缩放。如果值为1,则不进行水平缩放；如果大于1,则放大；如果在0和1之间,则缩小。

skewY()（垂直倾斜）：控制元素在垂直方向上的倾斜。

skewX()（水平倾斜）：控制元素在水平方向上的倾斜。

scaleY()（垂直缩放）：控制元素垂直方向的缩放。如果值为1,则不进行垂直缩放；如果大于1,则放大；如果在0和1之间,则缩小。

translateX()（水平平移）：控制元素在水平方向上的平移量。

translateY()（垂直平移）：控制元素在垂直方向上的平移量。

即在不变换的情况下是 matrix(1, 0, 0, 1, 0, 0)。

(3) 多种变换

以下是一个综合示例,展示了如何同时应用多种变换：

```
.transform-example {
    transform: translate(50px, 30px) rotate(45deg) scale(1.5, 0.5) skew(30deg, 20deg);
}
<div class="transform-example">这是一个综合变换的示例</div>
```

2) css3 的 3D 转换

css3 的 3D 变换允许开发者对 html 元素进行三维空间的变换操作,包括平移、旋转、缩放等。这些变换通过 transform 属性来实现,并且可以应用于任何块级元素。以下是详细的介绍和示例。

(1) 3D 变换的属性

translate3d(x, y, z)：在三维空间中平移元素，x、y、z 分别表示在 X 轴、Y 轴和 Z 轴上的移动距离。

translateX(x)：在 X 轴上平移元素。

translateY(y)：在 Y 轴上平移元素。

translateZ(z)：在 Z 轴上平移元素。

rotate3d(x, y, z, angle)：在三维空间中旋转元素，x、y、z 表示旋转轴的方向，angle 表示旋转的角度。

rotateX(angle)：绕 X 轴旋转元素。

rotateY(angle)：绕 Y 轴旋转元素。

rotateZ(angle)：绕 Z 轴旋转元素。

scale3d(x, y, z)：在三维空间中缩放元素，x、y、z 分别表示在 X 轴、Y 轴和 Z 轴上的缩放比例。

scaleX(x)：在 X 轴上缩放元素。

scaleY(y)：在 Y 轴上缩放元素。

scaleZ(z)：在 Z 轴上缩放元素。

perspective(n)：设置元素的透视距离，n 表示透视距离。

(2) 应用示例

① 平移(translate3d)

```
.translate3d-example {
    transform: translate3d(50px, 30px, 20px);
}
<div class="translate3d-example">这是一个三维平移的示例</div>
```

② 旋转(rotate3d)

```
.rotate3d-example {
    transform: rotate3d(1, 1, 1, 45deg);
}
<div class="rotate3d-example">这是一个三维旋转的示例</div>
```

③ 缩放(scale3d)

```
.scale3d-example {
    transform: scale3d(1.5, 0.5, 2);
}
<div class="scale3d-example">这是一个三维缩放的示例</div>
```

④ 透视(perspective)

```
.perspective-example {
    perspective: 800px;
}
```

```
.perspective-example div {
    transform: rotateY(45deg);
}
<div class="perspective-example">
    <div>这是一个透视变换的示例</div>
</div>
```

(3) 多种变换

以下是一个综合示例,展示了如何同时应用多种 3D 变换。

```
.transform3d-example {
    transform: translate3d(50px, 30px, 20px) rotate3d(1, 1, 1, 45deg) scale3d(1.5, 0.5, 2);
    perspective: 800px;
}
<div class="transform3d-example">这是一个综合 3D 变换的示例</div>
```

4 任务实践

设计如图 3.21 所示产品特性介绍页面,鼠标悬停在产品图片上,产品产生 3D 变换,图片翻转,图片背面文字显示出来。

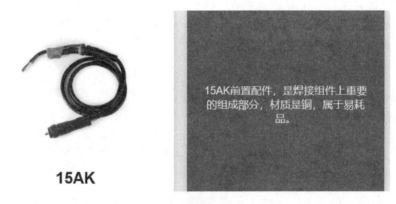

图 3.21　产品变换展示

(1) 任务分析和规划

利用 css3 的 2D 和 3D 转换功能:需要使用 css3 的 transform 属性来实现旋转、缩放、倾斜和平移效果。

设计页面结构:使用 html 构建页面的基本结构,包括产品卡片的容器和每个产品卡片的内部结构。

应用 css3 样式:使用 css3 的 transform 属性实现 3D 转换效果,并添加其他样式使页面看起来更商业化和华丽。

实现 3D 转换效果:通过设置 perspective 和 transform-style 属性来实现 3D 效果,并使用 backface-visibility 属性来控制背面元素的可见性。

(2) 实践步骤

步骤 1:新建一个名为 css3_3d.html 的文件,并添加前端页面元素。

```html
<body>
<div class = "container">
<div class = "product-card">
<div class = "product-inner">
<div class = "product-front">
<img src = "images/prod1.jpg" alt = "产品 1" class = "product-image">
<div class = "product-title">15AK</div>
</div>
<div class = "product-back">
<div class = "product-description">
15AK 气体保护焊枪用于 180A 焊机上，暂载率 60%，应用于钢板之间的焊接
</div>
</div>
</div>
</div>
<div class = "product-card">
<div class = "product-inner">
<div class = "product-front">
<img src = "images/prod2.jpg"  alt = "产品 2" class = "product-image">
<div class = "product-title">15AK 前置配件</div>
</div>
<div class = "product-back">
<div class = "product-description">
15AK 前置配件,是焊接组件上重要的组成部分,材质是铜,属于易耗品。
</div>
</div>
</div>
</div>
<!--可以添加更多产品特性卡片 -->
</div>
</body>
```

步骤 2：应用 css3.0 样式。

```css
<style>
        body {
            font-family: Arial, sans-serif;
            background-color: #f0f0f0;
            margin: 0;
            padding: 0;
            display: flex;
            justify-content: center;
            align-items: center;
            height: 100vh;
        }
        .container {
            display: flex;
            flex-wrap: wrap;
            justify-content: center;
```

```css
    gap: 20px;
}
.product-card {
    width: 300px;
    height: 400px;
    perspective: 1000px;
    cursor: pointer;
}
.product-inner {
    width: 100% ;
    height: 100% ;
    transform-style: preserve-3d;
    transition: transform 0.8s;
}

.product-front, .product-back {
    position: absolute;
    width: 100% ;
    height: 100% ;
    backface-visibility: hidden;
    display: flex;
    flex-direction: column;
    justify-content: center;
    align-items: center;
    border-radius: 10px;
    box-shadow: 0 4px 8px rgba(0,0,0,0.1);
}
.product-front {
    background-color: #fff;
}
.product-back {
    background-color: #2980b9;
    color: #fff;
    transform: rotateY(180deg);
}
.product-image {
    width: 200px;
    height: 200px;
    object-fit: cover;
    border-radius: 10px;
}
.product-title {
    margin-top: 20px;
    font-size: 24px;
    font-weight: bold;
}
.product-description {
    padding: 20px;
```

```
            text-align: center;
        }
    </style>
```

步骤3：在<style></style>标签中继续添加3D变换效果。

```
.product-card:hover .product-inner
{
    transform: rotateY(180deg);
}
```

(3) 设计说明

① html 结构
- 使用一个 container 容器来包含所有的产品特性卡片。
- 每个 product-card 包含一个 product-inner，用于实现3D旋转效果。
- product-front 和 product-back 分别代表产品特性的正面和背面。

② css 样式
- 使用 perspective 属性来为每个产品卡片创建3D空间。
- transform-style：preserve-3d 属性告诉浏览器在3D空间中渲染子元素，而不是在2D平面中。这使得.product-inner 的子元素（即.product-front 和.product-back）能够在3D空间中正确地变换。
- backface-visibility：hidden 属性隐藏元素的背面，使其在旋转时不可见。
- 通过:hover 伪类,可实现鼠标悬停时的3D旋转效果。

③ 图片和文本

使用 product-image 类来设置产品图片的样式。

product-title 和 product-description 类用于设置产品特性的标题和描述。

④ 产品图和文字重叠

在上述代码中,.product-front 和.product-back 两个样式都采用了 position：absolute；,这是因为需要将这两个元素定位在同一个位置,重叠在一起,以便在3D变换时能够正确地显示和隐藏。

任务4 动画和过渡效果的实现

1 任务描述

使用 css3 的动画(@keyframes)和过渡(transitions)特性为网页元素添加动态效果,如悬停效果、滚动动画等。设计一个带有动画效果的在线相册,其中图片在用户操作时有平滑的过渡和动画效果。

2 理解任务

如图3.22所示,该任务是制作一个相册的单页,要求鼠标滑过时图像有放大的效果。

若仅仅是实现放大效果的话,可使用 transform 属性。

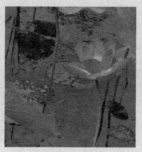

图 3.22　相册

图 3.22

3 技能储备

1) css3 过渡

视频 3-9

css3 过渡(transitions)是一种允许在元素的属性值发生变化时平滑过渡的技术。它可以让 css 属性变化在指定的时间内平滑地发生,而不是立即生效。

当一个 css 属性发生变化时,css3 过渡会控制这个变化的过程,使其在指定的时间内平滑地进行。过渡效果由以下四个属性控制:

transition-property:指定应用过渡效果的 css 属性,例如 width、height、color 等,也可以使用 all 表示所有属性。

transition-duration:指定过渡效果的持续时间,单位为秒(s)或毫秒(ms)。

transition-timing-function:指定过渡效果的时间函数,常见的有 ease、linear、ease-in、ease-out、ease-in-out 等。

transition-delay:指定过渡效果开始前的延迟时间,单位为秒(s)或毫秒(ms)。

(1) 应用

```
<style>
    .box {
        width: 100px;
        height: 100px;
        background-color: blue;
        transition-property: width, background-color;
        transition-duration: 2s, 1s;
        transition-timing-function: ease-in-out;
        transition-delay: 0s, 1s;
    }

    .box:hover {
        width: 200px;
        background-color: red;
    }
</style>
...
```

```
<body>
    <div class="box"></div>
</body>
```

当鼠标悬停在.box 元素上时，width 属性会在 2 s 内从 100 px 过渡到 200 px，background-color 属性会在 1 s 内从蓝色过渡到红色，并且 background-color 的过渡会在 width 过渡开始 1 s 后才开始。

（2）简写属性

css3 过渡的四个属性可以简写为一个 transition 属性，简写属性可以让你更简洁地定义过渡效果。

transition 简写属性的语法如下：

```
transition: <property> <duration> <timing-function> <delay>;
```

以下是使用简写属性的示例：

```
<!DOCTYPE html>
<html lang="en">
<head>
    <meta charset="UTF-8">
    <meta name="viewport" content="width=device-width, initial-scale=1.0">
    <title>css3 Transition Shorthand Example</title>
    <style>
        .box {
            width: 100px;
            height: 100px;
            background-color: blue;
            transition: width 2s ease-in-out, background-color 1s ease-in-out 1s;
        }

        .box:hover {
            width: 200px;
            background-color: red;
        }
    </style>
</head>
<body>
    <div class="box"></div>
</body>
</html>
```

在这个示例中：

transition 属性简写了 width 和 background-color 的过渡效果。

width 属性在 2 s 内从 100 px 过渡到 200 px，使用 ease-in-out 时间函数。

background-color 属性在 1 s 内从蓝色过渡到红色，使用 ease-in-out 时间函数，并且延迟 1 s 开始。

2）css3 动画

css3 动画是一种通过 css 创建动态效果的技术，它允许通过定义关键帧（keyframes）来控制元素在不同时间点的样式，从而实现复杂的动画效果。

css3 动画相关的属性包括：

- animation-name：指定应用的动画名称，对应@keyframes 定义的动画。
- animation-duration：指定动画的持续时间，单位为秒(s)或毫秒(ms)。
- animation-timing-function：指定动画的时间函数，控制动画的速度变化，常见的有 ease、linear、ease-in、ease-out、ease-in-out 等。
- animation-delay：指定动画开始前的延迟时间，单位为秒(s)或毫秒(ms)。
- animation-iteration-count：指定动画的播放次数，可以是具体的数字或 infinite（无限循环）。
- animation-direction：指定动画的播放方向，常见的有 normal、reverse、alternate、alternate-reverse。
- animation-fill-mode：指定动画在播放前和播放后的样式应用，常见的有 none、forwards、backwards、both。
- animation-play-state：指定动画的播放状态，可以是 running 或 paused。

使用 css3 动画需要两个步骤：(1)使用@keyframes 创建动画，该规则指定一个 css 样式，动画将逐步从目前的样式更改为新的样式。(2)将 keyframes 绑定到一个选择器上，并规定动画的名称和时长。

```
<!DOCTYPE html>
<html lang="en">
<head>
    <meta charset="UTF-8">
    <meta name="viewport" content="width=device-width, initial-scale=1.0">
    <title>css3 Animation Example</title>
    <style>
        @keyframes move {
            0% {
                transform: translateX(0);
            }
            50% {
                transform: translateX(200px);
            }
            100% {
                transform: translateX(0);
            }
        }

        .box {
            width: 100px;
            height: 100px;
            background-color: blue;
            animation-name: move;
            animation-duration: 4s;
            animation-timing-function: ease-in-out;
            animation-delay: 1s;
```

```
                animation-iteration-count: infinite;
                animation-direction: alternate;
            }
        </style>
    </head>
    <body>
        <div class="box"></div>
    </body>
</html>
```

在这个示例中：

@keyframes move 定义了一个名为 move 的动画,动画在 0%、50% 和 100% 时分别设置了不同的 transform 属性值。

.box 元素应用了这个动画,动画持续时间为 4 s,使用 ease-in-out 时间函数,延迟 1 s 开始,无限循环播放,并且在正向和反向之间交替播放。

css3 动画属性可以简写在 animation 单一属性中。

```
.box {
    width: 100px;
    height: 100px;
    background-color: blue;
    animation: move 4s ease-in-out 1s infinite alternate;
}
```

4 任务实践

如图 3.23 所示,设计一个带有动画效果的在线相册,图片在用户操作时有平滑的过渡和动画效果。鼠标划过图片,图片轻微放大,一行显示 3 个,图片之间有一定间隔,综合考虑可以采用 flex 布局,因为 flex 容器内子元素默认横向排列,即便是 div 标签也失去原有的意义。为简便起见,只制作图片区的过渡效果部分。据此设计以下步骤：

图 3.23　鼠标滑过相册放大效果

步骤 1：新建一个名为 css3_animate.html 的文件,并添加前端页面元素。

```
<body>
    <div class="gallery">
        <img src="images/lotus1.jpg" alt="Image 1" class="gallery-image">
        <img src="images/lotus2.jpg" alt="Image 2" class="gallery-image">
        <img src="images/lotus3.jpg" alt="Image 3" class="gallery-image">
```

```html
            <img src="images/lotus4.jpg" alt="Image 1" class="gallery-image">
            <img src="images/lotus6.jpg" alt="Image 2" class="gallery-image">
            <img src="images/lotus7.jpg" alt="Image 3" class="gallery-image">
            <!--添加更多图片 -->
    </div>
</body>
```

步骤 2：添加样式。

```css
<style>
body {
    font-family: Arial, sans-serif;
    background-color:#f0f0f0;
    margin: 0;
    padding: 0;
    height: 100vh;
}

.gallery {
    display: flex;
    flex-wrap: wrap;
    justify-content:center;
   align-items: center;
    gap: 20px;
}

.gallery-image {
    width: 25% ;
    height: 200px;
    object-fit: cover;
    transition: transform 0.3s ease-in-out;
    cursor: pointer;
}
.gallery-image:hover {
    transform: scale(1.1);
}
    </style>
```

扩展页面功能

正如前文所述，html 标签定义了前端元素的内容，css 设计了前端元素的样式即外观。JavaScript 是脚本语言，它能够通过 dom 模型找到前端各标签元素，并能改变前端元素的内容、样式、属性等信息。本项目基于 JavaScript 语言，规划了 4 个前端设计的典型任务，每个任务都需要预备技能，以任务带动技能的学习。本项目主要涉及的知识要点如图 4.1 所示。

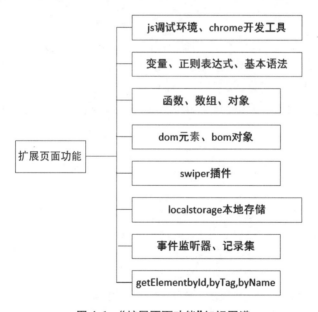

图 4.1 "扩展页面功能"知识图谱

任务 1 制作图片轮播

1 任务描述

认识 JavaScript 语言的基本语法、函数调用规则，编写函数改变前端元素内容、属性信息。典型应用如设计一个图片轮播区,添加左右按钮,单击按钮进行图片切换,每张图片都可以链接到各自地址。此外,也可以设置间隔时间让图片自动播放(图 4.2)。

图 4.2 图片轮播区

图 4.2

2 理解任务

网站页面 banner 区通常会放置多张图片在同一区域,如图 4.2 所示。正下方放置图片切换按钮,单击按钮可进行图片切换。同一区域图片发生变化有两种可能:其一,该区域元素如<img>的 src 属性发生变化;其二,该区域放置多张图片,通常只显示一张,切换后显示另一张。基于此,要完成该任务,应具备 JavaScript 脚本编写和调用的能力。

3 技能储备

1) 创设 JavaScript 运行环境

(1) 认识 JavaScript

视频 4-1

JavaScript 是互联网上比较流行的脚本语言,可用于 html 和 Web,广泛用于服务器、笔记本电脑、平板电脑和智能手机等设备中。JavaScript 允许开发者在网页上实现动态功能,如响应用户操作、创建动态内容等。与传统的基于类的语言不同,JavaScript 使用基于原型的继承模型,同时又是多范式的,支持面向对象、命令式、声明式、函数式等多种编程范式。从进化和运行方式上看,它是一种高级的、解释型的编程语言。

JavaScript 最初在 1995 年由 Netscape 公司开发,用于网页交互。此后经过多个版本修订,相继引入了严格模式、JSON 对象、正则表达式、类、模块等。为了标准化 JavaScript,ECMA-262 标准被创建,通常被称为 ECMAScript。ES2016 及以后的版本,每年都会发布新的特性。版本以年份命名,如 ES2016、ES2017 等,引入了新的数据类型、异步编程等特性。

(2) 了解 JavaScript 的用法

① 使用 document.write( )方法直接输出

```
<! doctype html>
<html>
```

```html
<head>
<meta charset="utf-8">
<title>js 脚本测试页面</title>
</head>
<body>
<h3>原有标题</h3>
<script>
document.write("<h3>js 生成的标题</h3>");
</script>
</body>
</html>
```

② 调用 JavaScript 函数输出

```html
<!doctype html>
<html>
<head>
<meta charset="utf-8">
<title>js 脚本测试页面</title>
<script>
function change(){
    document.getElementById("text").textContent="采用 js 函数改变的文本";
}
</script>
</head>
<body>
<h3>原有标题</h3>
<h3 id="text" onClick="change()">此本文单击后改变</h3>
</body>
</html>
```

从上述案例看出：

- js 脚本采用<script></script>包含，该脚本可以嵌入在<head></head>之间，也可以嵌入在<body></body>之间，还可以嵌入在<html></html>之间，并且是任意多个。
- html 定义了网页的内容，css 描述了网页的布局，JavaScript 控制了网页的行为。
- 也可以把脚本保存到外部文件中。外部文件通常包含被多个网页使用的代码。外部 JavaScript 文件的文件扩展名是.js。如需使用外部文件，请在<script>标签的 src 属性中设置该.js 文件，如：<script src="login.js"></script>。
- JavaScript 脚本要改变前端内容，首先要找到前端标签，这个找到即选择的过程，被称作选择器，如上述<h3 id="text" onClick="change()">此本文单击后改变</h3>，定义了 h3 样式的字体，使用了 id="text" javascript，通过 document.getElementById("text") 选择了 h3 标签，而 document.getElementById("text").textContent="采用 js 函数改变的文本"是在选择器取得标签后重新赋值，从而实现改变脚本前端标签的内容。

（3）熟悉 JavaScript 的编译、调试环境

① 使用 Visual Studio Code 编译

Visual Studio Code 是微软公司推出的一款针对编写现代 Web 和云应用的跨平台源代码编辑器,它具有对 JavaScript、TypeScript 和 Node.js 的内置支持,并对其他多种语言提供支持。

首先在 VS Code 软件中新建一个文件,编译器会提示选择文件类型(图4.3)。

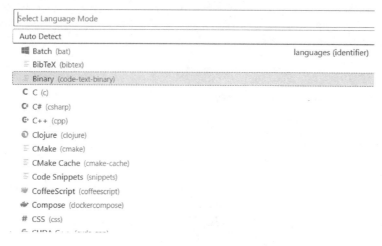

图 4.3　VS Code 编辑环境

视频 4-2

选择 JavaScript 类型,输入如下代码,并保存为 hellojs.js。

```
for (var i=0;i<10;i++)
{
    console.log(i);
}
```

点击左侧运行图标,启动调试窗口(图4.4)。

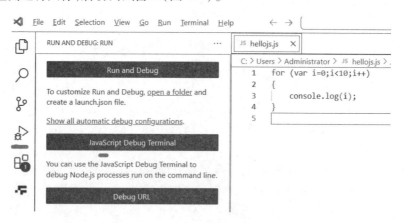

图 4.4　VS Codejs 源程序

输入 node hellojs.js 并按"回车"键,执行结果如图4.5所示。

此外 VS Code 提供了丰富的插件,比如人工智能插件 Fitten Code,它支持多种编程语言,为 Web 开发提供了诸多便利。

图 4.5　VS Code 查看结果窗口

② 使用 Chrome 浏览器编译

Chrome 浏览器完全支持 JavaScript 脚本的编译和调试。启动 Chrome 浏览器,打开"更多工具"—"开发者工具",进入"控制台"标签(图 4.6)。

图 4.6　Chrome 控制台

输入脚本代码。

```
for (var i=0;i<10;i++)
{
    console.log(i);
}
```

按"回车"键执行代码,结果如图 4.7 所示。

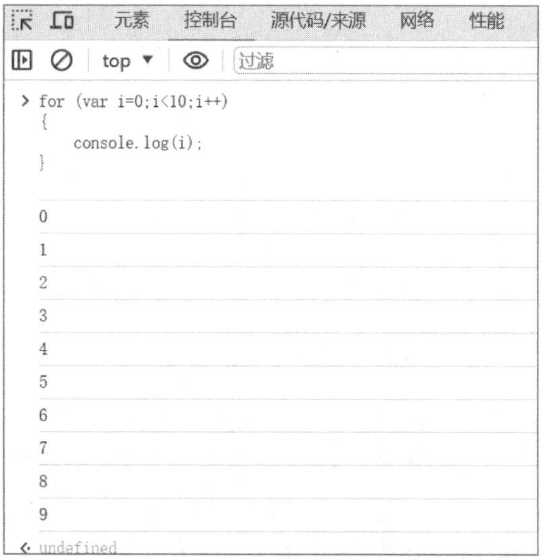

图 4.7　Chrome 运行结果界面

或者在 Chrome 浏览器"源代码/来源"标签左侧,选择"新代码段"来新建脚本程序(图 4.8)。

图 4.8　Chrome 新建程序

输入脚本代码后,通过鼠标右键点击"新代码段"来运行代码。运行结果见图 4.9。

图 4.9　Chrome 运行结果界面

同样可以执行和调试 JavaScript 脚本。

2) 了解 JavaScript 语法规范

(1) JavaScript 变量

和其他编程语言一样,JavaScript 变量是程序被调用时分配在存储器中的临时空间。该空间内数据不断地变化,程序调用结束后,释放该空间,变量内容清空。通常采用 var 关键字定义变量。如 var a,b; a=10;。变量名称通常以字母开头,对大小写敏感。

变量类型分为基本类型和对象类型,见表 4.1。

表 4.1 JavaScript 变量类型

变量类型	详细类型	变量类型	详细类型
基本类型	布尔(Boolean)	对象类型	数组(Array)
	空(Null)		对象(Obeject)
	未定义(Undefined)		函数(Function)
	字符串(String)		日期(Date)
	数字(Number)		正则表达式(Regex)
	独一无二(Symbol)		……

JavaScript 变量拥有动态类型,即同一变量名可以在不同类型间赋值使用。例如:

```
var x;
x = 100;
x = "New Energy";
```

(2)变量的作用域

变量作用域就是变量起作用的范围。

① 局部作用域

在函数体内声明的变量为局部变量,只在函数体内起作用。例如:

```
function myFunction()
{ var car = "Volvo";
}
```

因为局部变量只作用于函数内,所以不同的函数可以使用相同名称的变量。局部变量在函数开始执行时创建,函数执行完后局部变量会自动销毁。

② 全局变量

在函数体外声明的变量为全局变量,可以供多个函数共用。例如:

```
var car = " Volvo";
function myFunction() { }
```

如果变量在函数内没有声明(没有使用 var 关键字),则该变量为全局变量。例如:

```
function myFunction() {
car = "Volvo";
}
```

上述 car 变量没有声明,尽管在函数体内,但是作为全局变量。

此外,在 html 中全局变量是 window 对象,所以 window 对象可以调用函数内的未声明(未加 var)的局部变量。例如:

```
<body>
<p>
在 html 中, 所有全局变量都会成为 window 变量。
</p>
<p id="demo"></p>
```

```
<script>
myFunction();    //该行仅仅是为了演示调用函数,取得全局变量"car"的值
document.getElementById("demo").textcontent =
    window.car;
function myFunction()
{
    car = "Volvo";
}
</script>
</body>
```

(3) 运算符

① 算术运算符

算术运算符用于执行基本的数学运算,例如加法、减法、乘法和除法。以下是 JavaScript 中常用的算术运算符:

加法(+):

let sum = 5 + 3; // sum 的值为 8

减法(-):

let difference = 10 - 4; // difference 的值为 6

乘法(*):

let product = 7 * 2; // product 的值为 14

除法(/):

let quotient = 20 / 5; // quotient 的值为 4

② 关系运算符

关系运算符用于比较两个值,并返回一个布尔值(true 或 false)。以下是 JavaScript 中常用的关系运算符:

等于(==):

let isEqual = (10 == 10); // isEqual 的值为 true

不等于(!=):

let notEqual = (5 != 3); // notEqual 的值为 true

大于(>):

let isGreater = (8 > 5); // isGreater 的值为 true

小于(<):

let isLess = (3 < 7); // isLess 的值为 true

③ 逻辑运算符

逻辑运算符用于组合多个条件,并返回一个布尔值。以下是 JavaScript 中常用的逻辑

运算符:

与(&&):

let andResult = (true && false); // andResult 的值为 false

或(||):

let orResult = (true || false); // orResult 的值为 true

非(!):

let notResult = ! true; // notResult 的值为 false

总结来说,算术运算符用于执行数学运算,关系运算符用于比较值,而逻辑运算符用于组合条件。

3) JavaScript 数组的使用方法

JavaScript 中的数组是一种用于存储多个值的数据结构。以下是关于 JavaScript 数组的定义、赋值、常见属性和方法的总结。

(1) 定义和赋值

① 定义一个数组

- 使用方括号定义一个空数组。

let emptyArray = [ ];

- 使用方括号同时定义并初始化一个数组。

let numberArray = [1, 2, 3, 4, 5];

- 使用 Array 构造函数定义数组。

let colorsArray = new Array('red', 'green', 'blue');

② 访问和修改数组元素

- 访问数组元素。

console.log(numberArray[0]); //输出: 1

- 修改数组元素。

numberArray[0] = 10;
console.log(numberArray); //输出: [10, 2, 3, 4, 5]

(2) 常见属性和方法

① length 属性

//获取数组的长度
console.log(numberArray.length); //输出: 5

② push 和 pop 方法

- 添加元素到数组末尾。

numberArray.push(6);
console.log(numberArray); //输出: [10, 2, 3, 4, 5, 6]

- 移除数组末尾的元素。

numberArray.pop();
console.log(numberArray); //输出：[10, 2, 3, 4, 5]

③ shift 和 unshift 方法
- 移除数组开头的元素。

numberArray.shift();
console.log(numberArray); //输出：[2, 3, 4, 5]

- 添加元素到数组开头。

numberArray.unshift(1);
console.log(numberArray); //输出：[1, 2, 3, 4, 5]

④ splice 方法
- 从索引 2 开始删除 2 个元素，并插入 'x', 'y'。

numberArray.splice(2, 2, 'x', 'y');
console.log(numberArray); //输出：[1, 2, 'x', 'y', 5]

上述是 JavaScript 数组的基本定义、赋值、常见属性和方法。通过这些方法，可以方便地操作和管理 JavaScript 数组。

4 任务实践

1）任务规划与详细分析

视频 4-3

图 4.10 是主页轮播区，该区域有多个图片播放，图中有左右两个按钮用于播放控制。

图 4.10 主页轮播区

单击左右按钮，该区域图像发生变化，实质是点击按钮的事件调用了 JavaScript 函数，该函数修改了图像的 src 属性。因此，可以定义一个数组，把要改变的图像名称保存在数组中，单击按钮让数组读取下一个元素或前一个元素，将读取的数组元素即图像名称赋值给图像区的 src 属性即可。据此,设计如图 4.11 所示规划图。

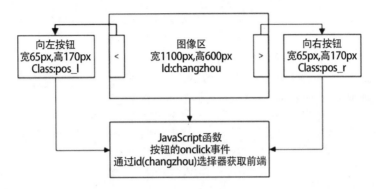

图 4.11 主页轮播区设计结构示意图

2)"主页轮播区"的制作

步骤 1:本节复制项目二中的 czlink.html 文件,并重命名为 jsad.html,在前端页面<div class="ban"></div>标签内添加默认显示的图像和按钮标签。

```
<div class="ban">
    <img src="images/cz01.png" id="changzhou" >
    <div class="pos_l"><img src="images/left_button.png"></div>
    <div class="pos_r"><img src="images/right_button.png"></div>
</div>
```

步骤 2:在添加图像区图像后,上述菜单区的二级菜单被遮盖。所以,设置二级菜单 z-index 层级。

```
.submenu {width:100% ;display: none;position: absolute;z-index: 9;}
```

步骤 3:设置按钮位置,图像区高度为 600 px,按钮高 170 px,左右对齐,垂直居中,此处父元素采用 relative 定位,子元素采用 absolute 定位方式,300 px-85 px=215 px,据此设计样式。

```
.pos_l {position: absolute;left: 0px;top:215px;}
.pos_r {position: absolute;right: 0px;top:215px;}
```

步骤 4:左右按钮添加 onclick 事件,据此,修改上述前端元素代码。

```
<div class="ban">
    <img src="images/cz01.png" id="changzhou" >
    <div class="pos_l" onClick="myad_left()"><img src="images/left_button.png"></div>
    <div class="pos_r" onClick="myad_right()"><img src="images/right_button.png"></div>
</div>
```

步骤 5:添加 JavaScript 脚本。

```
<script>
var i=0;
var cars=["cz01.png","cz02.png","cz03.png","cz04.png","cz05.png"];
```

```
function myad_right(){
        var j;
         i = i+1;
        if (i> = cars.length)
        {i = 0;}
    j = cars[ i ];
    j = "images/"+j;
  document.getElementById("changzhou").src = j;
    }
    function myad_left(){
        var j;
         i = i- 1;
        if (i< = cars.length)
        {i = 0;}
    j = cars[ i ];
    j = "images/"+j;
  document.getElementById("changzhou").src = j;
    }
</script>
```

3) 使用插件简化制作"主页轮播区"

上节内容我们完成了主页轮播区的基本功能,即点击后图片可以切换。如果有多张图片,每张图片都对应一个按钮,并且当前播放图的按钮与其他按钮在样式上有所区分。单击按钮可直接显示相应图片,并为其添加链接。这样的设计使轮播区功能更加丰富。然而,如果完全采用 JavaScript 编写,内容较多,相对比较复杂。幸运的是,现在 js 插件比较丰富,比如 swiper. js 就可以完成上述功能,并且支持移动端触摸滑动、设置间隔时间自动播放等。接下来,采用 swiper. js 丰富上述功能。

步骤 1:下载 swiper. js 并解压,如图 4..12 所示。

图 4.12　swiper 插件文件夹架构

该文件夹下的 demo 文件是制作好的范例,代码可以直接引用。

步骤 2:将上述文件夹中的 swiper-bundle. min. css 和 swiper-bundle. min. js 分别拷贝到站点下方的 css,js 文件夹中。

步骤 3:在页面的<head></head>中引用。

```
<link rel = "stylesheet" href = "css/swiper-bundle.min.css">
```

步骤 4:本节取项目二中红色教育基地的 czlink. html 文件,将该文件复制过来后改名为 jsad2. html,在<div class = "ban"></div>标签中添加图片主体内容。

```html
<div class = "swiper-container">
    <div class = "swiper-wrapper">
      <div class = "swiper-slide">
        <a href = "#">
          <img src = "images/cz01.png" alt = "Image 1">
        </a>
      </div>
      <div class = "swiper-slide">
        <a href = "#">
          <img src = "images/cz02.png" alt = "Image 2">
        </a>
      </div>
      <div class = "swiper-slide">
        <a href = "#">
          <img src = "images/cz03.png" alt = "Image 3">
        </a>
      </div>
      <div class = "swiper-slide">
        <a href = "#">
          <img src = "images/cz04.png" alt = "Image 4">
        </a>
      </div>
      <div class = "swiper-slide">
        <a href = "#">
          <img src = "images/cz05.png" alt = "Image 5">
        </a>
      </div>
    </div>
    <!-- Add Pagination -->
    <div class = "swiper-pagination"></div>
</div>
```

步骤 5：设置图片区大小及下方按钮的样式，在页面<head></head>之间添加。

```html
<style>
    .swiper-container {
      width: 100% ;
      height: 100% ;
      overflow: hidden; /* 隐藏溢出内容 */
    }
    .swiper-slide {
      text-align: center;
      font-size: 18px;
      background: #fff;
      /* Center slide text vertically */
      display: flex;
      justify-content: center;
      align-items: center;
    }
</style>
```

步骤 6：引用 swiper.js 核心功能代码，紧跟在<div class=" swiper-container"></div>下一行添加。

```
<script src="js/swiper-bundle.min.js"></script>
```

步骤 7：在<script src="js/swiper-bundle.min.js"></script>下一行添加 JavaScript 调用代码。

```
<script>
    var mySwiper = new Swiper('.swiper-container', {
      // Optional parameters
      loop: true,
      // If we need pagination
      pagination: {
        el: '.swiper-pagination',
        clickable: true,
      },
      // Navigation arrows
      navigation: {
        nextEl: '.swiper-button-next',
        prevEl: '.swiper-button-prev',
      },
      // And if we need scrollbar
      scrollbar: {
        el: '.swiper-scrollbar',
      },
    });
</script>
```

至此，完成图片轮播区的制作（图 4.13）。思考：swiper-bundle.min.css 与 swiper.min.css 有什么区别？swiper-bundle.min.js 与 swiper.min.js 有什么区别？如果使用后者会怎么样（圆形按钮不显示）。

图 4.13　主页轮播区演示效果

任务 2　购物车金额的计算

1 任务描述

购物网站或线上商城经常会使用购物车功能。商品数量变化时，价格会联动。本节采用 JavaScript 脚本来进行动态计算。

2 理解任务

如图 4.14 所示，表格布局将商品名称、商品价格、商品数量及单项总价按行对齐，商品数量使用文本框，用 JavaScript 添加事件监听器。当文本框中的商品数量发生变化时调用函数计算，并在商品总价位置显示出来。

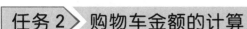

图 4.14　购物车计算

3 技能储备

1) 定义和使用函数功能

在 js 中，函数是一种可重复使用的代码块，用于执行特定任务或计算值。下面将详细介绍 js 函数的定义、调用，以及一些与 Web 应用相关的实例。

(1) 函数的定义

在 JavaScript 中，函数可以通过 function 关键字来定义。一个简单的函数定义如下：

```
function sayHello() {
    console.log('Hello！');
}
```

上面的代码定义了一个名为 sayHello 的函数，它不接受任何参数，并在控制台打印"Hello！"。

如果函数需要接受参数，可以在函数名后的括号中指定参数名，多个参数之间使用逗号分隔。

```
function greet(name) {
    console.log('Hello, ' + name + '！');
}
```

（2）函数的调用

要调用一个函数，只需使用函数名加上括号，并在括号中传入相应的参数（如果有的话）。

```
sayHello(); //调用不带参数的函数
greet('Alice'); //调用带参数的函数
```

上面的代码分别调用了 sayHello 和 greet 函数。

（3）Web 应用实例

在 Web 应用中，js 函数经常用于事件处理、dom 操作等。下面是一个简单的例子，演示如何在 html 页面中使用 js 函数。

```
<!DOCTYPE html>
<html>
<head>
    <title>JS 函数示例</title>
</head>
<body>

<button onclick="sayHello()">点击我</button>

<script>
    function sayHello() {
        alert('Hello! ');
    }
</script>

</body>
</html>
```

在上面的例子中，当点击按钮时，会调用 sayHello 函数，弹出一个包含"Hello!"的提示框。

2）使用 JavaScript 选择结构

JavaScript 中的选择结构包括 if 语句、switch 语句和三元运算符。

（1）if 语句：根据条件执行不同的代码块

```
let num = 10;
if (num > 0) {
    console.log("数字是正数");
} else if (num < 0) {
    console.log("数字是负数");
} else {
    console.log("数字是零");
}
```

（2）switch 语句：根据不同的条件执行不同的代码块

```
let color = "red";
switch (color) {
```

```
    case "red":
      console.log("这是红色");
      break;
    case "blue":
      console.log("这是蓝色");
      break;
    default:
      console.log("未知颜色");
}
```

（3）三元运算符：根据条件返回不同的值

```
let age = 18;
let canDrink = (age >= 21) ? "可以喝酒" : "不可以喝酒";
console.log(canDrink);
```

在前端页面中，我们可以使用选择结构来根据用户的操作或者页面状态执行不同的操作或者展示不同的内容。例如，根据用户输入的年龄来展示不同的提示信息。

```
<!DOCTYPE html>
<html>
<body>
<p>请输入您的年龄: <input type="text" id="ageInput"></p>
<button onclick="checkAge()">检查年龄</button>
<p id="result"></p>
<script>
function checkAge() {
  let age = document.getElementById("ageInput").value;
  let result = (age >= 18) ? "成年" : "未成年";
  document.getElementById("result").innerHTML = "您是" + result;
}
</script>
</body>
</html>
```

在上面的示例中，根据用户输入的年龄，页面会展示不同的提示信息来告诉用户是成年还是未成年（图4.15）。

图 4.15　函数调用

视频 4-4

3）改变前端的内容、样式

在 JavaScript 中，我们可以使用 textContent 和 innerHTML 属性来改变前端页面的内容，同时也可以使用样式属性来改变元素的样式。

（1）textContent

textContent 属性用于设置或返回指定元素中的文本内容，它会忽略任何 html 标记。

```
//设置元素的文本内容
document.getElementById("myElement").textContent = "这是新的文本内容";

//获取元素的文本内容
let text = document.getElementById("myElement").textContent;
console.log(text);
```
如上节 document.getElementById("result").innerHTML = "您是" + result;改为 document.getElementById("result").textContent = "您是" + result;输出结果是一样的。

（2）innerHTML

innerHTML 属性用于设置或返回指定元素的 html 内容，它会保留 html 标记。

```
//设置元素的 HTML 内容
document.getElementById("myElement").innerHTML = "<strong>这是加粗的文本内容</strong>";

//获取元素的 HTML 内容
let html = document.getElementById("myElement").innerHTML;
console.log(html);
```
上节 document.getElementById("result").innerHTML = "您是" + result;改为 document.getElementById("result").innerHTML = "您是" + "<h3>"+result+"</h3>";

（3）改变前端样式的方法

我们可以通过 JavaScript 改变元素的样式，可以使用 style 属性，也可以直接操作元素的类。

```
//使用 style 属性改变元素的样式
document.getElementById("myElement").style.color = "red";
document.getElementById("myElement").style.fontSize = "20px";

//直接操作元素的类来改变样式
document.getElementById("myElement").classList.add("highlight");

// css 类的定义
/* 在 css 中定义名为 highlight 的类 */
.highlight {
    background-color: yellow;
}
```

4）使用 JavaScript 循环结构

JavaScript 中常见的循环结构有 for 循环、while 循环和 do...while 循环。循环结构允许我们重复执行特定的代码块，以遍历数组、处理列表或者执行一系列相似的任务等。

（1）for 循环

for 循环允许我们定义初始化表达式、条件表达式和增量表达式，以便控制循环的执行次数。

```
for (let i = 0; i < 5; i++) {
    console.log(i);
}
```

（2）while 循环

while 循环在每次迭代之前都会检查指定的条件是否为真，只有在条件为真的情况下才会执行循环。

```
let i = 0;
while (i < 5) {
  console.log(i);
  i++;
}
```

（3）do...while 循环

do...while 循环与 while 循环类似，但它会先执行一次循环体，然后再检查条件是否为真。

```
let i = 0;
do {
  console.log(i);
  i++;
} while (i < 5);
```

（4）前端应用例子

下面是一个前端应用的例子，使用循环结构来遍历数组，并将数组中的元素渲染到页面上。

```
<!DOCTYPE html>
<html>
<body>

<ul id="myList"></ul>

<script>
let fruits = ["苹果", "香蕉", "橙子", "西瓜"];

//使用 for 循环遍历数组，并将元素添加到页面上
let list = document.getElementById("myList");
for (let i = 0; i < fruits.length; i++) {
  let item = document.createElement("li");
  item.textContent = fruits[i];
  list.appendChild(item);
}
</script>

</body>
</html>
```

在上面的例子中，使用 for 循环遍历了一个水果数组，然后将每个水果作为列表项添加

到了页面上。这展示了如何在前端应用中使用循环结构来渲染动态数据。

5）事件监听器

在 JavaScript 中,事件监听器(event listeners)用于监控指定元素上发生的特定事件,并在事件发生时执行相应的代码。以下是关于记录集和事件监听的详细讲解以及前端应用的范例。

（1）事件监听

在 JavaScript 中,可以使用 addEventListener 方法为元素添加事件监听器,以便在特定事件发生时执行相应的操作。事件可以是用户的交互操作(比如点击、输入)或者其他类型的事件(比如页面加载完成)。

视频 4-5

```
//为按钮元素添加点击事件监听器
document.getElementById("myButton").addEventListener("click", function() {
    alert("按钮被点击了");
});
```

（2）事件类型

常见的事件类型包括点击事件(click)、鼠标移入移出事件(mouseover、mouseout)、键盘事件(keydown、keyup)、表单事件(submit、change)等等。

（3）前端应用范例

以下是一个前端应用的例子,通过事件监听器为按钮添加点击事件,并根据用户的操作执行相应的操作。

```
<! DOCTYPE html>
<html>
<body>

<button id = "myButton">点击我</button>

<script>
//为按钮元素添加点击事件监听器
document.getElementById("myButton").addEventListener("click", function() {
    alert("按钮被点击了");
});
</script>

</body>
</html>
```

在上面的例子中,页面上有一个按钮元素,通过 addEventListener 方法为按钮添加了一个点击事件监听器。当按钮被点击时,就会弹出一个警告框显示"按钮被点击了"。这展示了如何在前端应用中使用事件监听器来响应用户操作。

6）记录集

在 JavaScript 中,如果使用选择器选择到多个对象,我们可以通过索引来获取单个对象,或者对所有选中的对象进行遍历操作。以下是对选择器选择到多个对象后的处理方法以及前端应用案例的详细讲解。

(1) 选取单个对象

如果选择器选择到多个对象，我们可以通过索引来获取单个对象。比如，使用 querySelectorAll 选择多个元素，然后通过索引获取其中的一个元素。

```
//选择所有 class 为 item 的元素
let items = document.querySelectorAll(".item");

//获取第一个元素
let firstItem = items[0];

//获取第二个元素
let secondItem = items[1];
```

视频 4-6

(2) 遍历多个对象

另外一种处理方法是对选择到的多个对象进行遍历操作，可以使用 for 循环、forEach 方法等对每个对象执行相同的操作。

```
//选择所有 class 为 item 的元素
let items = document.querySelectorAll(".item");

//使用 forEach 遍历所有元素
items.forEach(function(item) {
    //对每个元素执行一些操作
    console.log(item.textContent);
});
```

(3) 前端应用案例

以下是一个前端应用的例子，使用 querySelectorAll 选择多个元素，并对其中的一个元素进行样式修改的操作。

```
<!DOCTYPE html>
<html>
<body>
<p class="item">第一个段落</p>
<p class="item">第二个段落</p>
<button onclick="changeStyle()">改变样式</button>
<script>
function changeStyle() {
    //选择所有 class 为 item 的元素
    let items = document.querySelectorAll(".item");
    //修改第一个段落的样式
    items[0].style.color = "red";
}
</script>
</body>
</html>
```

在上面的例子中，当点击按钮时，会选择所有 class 为 item 的元素，然后修改其中第一个段落的文字颜色为红色。这展示了在前端应用中对选择到的多个对象进行单个选取操作的方法。

4 任务实践

1) 任务规划与详细分析

商品购物车模块前端元素可以使用表格,首行采用<tr>行标签包含<th>列标签来标识商品的各项属性,其余各行采用<tr>标签包含<td>标签,单项总价为行内价格与数量相乘,所有商品总价为单项总价之和,并且在商品数量发生变化时自动更新总价(图4.16)。鉴于上述分析,商品数量文本框应添加事件监听器,而商品价格、商品数量、单项总价都参与运算,故应设计独立的class样式,以便给js选择器查找。据此,各字段、样式信息如图4.17所示。

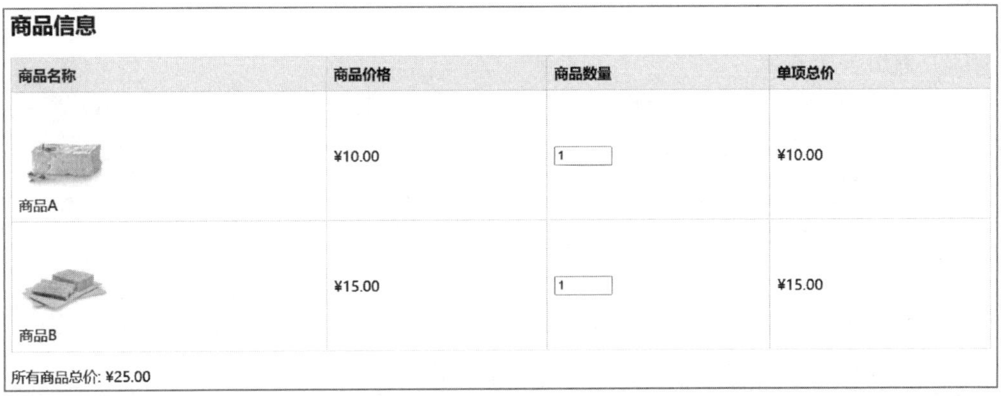

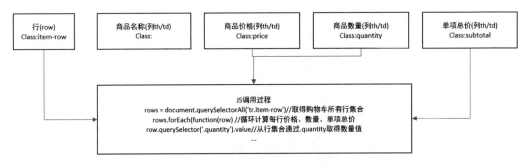

图 4.16 购物车计算模块

图 4.17 购物车计算模块设计思路图

2) 购物车计算模块的制作

步骤1:新建h5页面,在<body></body>区添加前端页面元素。

```
<body>
<div id="table_box">
<h2>商品信息</h2>

<table>
  <tr>
    <th>商品名称</th>
    <th>商品价格</th>
```

```
            <th>商品数量</th>
            <th>单项总价</th>
        </tr>
    <tr class="item-row">
            <td><img src="images/product1.jpg"         alt="Product 1"><br>商品 A</td>
            <td class="price">￥10.00</td>
            <td><input type="number" class="quantity" value="1" min="1" max="10"></td>
            <td class="subtotal">￥10.00</td>
        </tr>
    <tr class="item-row">
            <td><img src="images/product2.jpg" alt="Product 2"><br>商品 B</td>
            <td class="price">￥15.00</td>
            <td><input type="number" class="quantity" value="1" min="1" max="10"></td>
            <td class="subtotal">￥15.00</td>
        </tr>
    </table>

    <p>所有商品总价: <span id="total-price">￥25.00</span></p>
    </div>
    </body>
```

上述代码实现了在 id 为"table_box"的 div 标签内插入一个表格,三行,行样式为"item-row",商品价格、商品数量、单项总价样式分别为 price、quantity、subtotal,所有商品总价 id 为 total-price。

步骤 2：添加表格样式。

```
<style>
        #table_box{width: 1100px;margin:0 auto;}
    table {
        border-collapse: collapse;
        width: 100%;
    }
    th, td {
        border: 1px solid #dddddd;
        text-align: left;
        padding: 8px;
    }
    th {
        background-color: #f2f2f2;
    }
    img {
        width: 100px;
        height: 100px;
    }
</style>
```

上述代码定义了表格的整体宽度,边框线重叠、单元格边框粗细及颜色,并设置了图像尺寸。

步骤3：添加事件监听脚本，在<script></script>脚本区添加。

```
window.addEventListener('load', function() {
    var quantityInputs = document.querySelectorAll('.quantity');
    quantityInputs.forEach(function(input) {
        input.addEventListener('input', updateTotalPrice);
    });
});
```

步骤4：添加价格更新函数 updateTotalPrice。

```
function updateTotalPrice() {
    var rows = document.querySelectorAll('tr.item-row');
    var total = 0;
    rows.forEach(function(row) {
        var price = parseFloat(row.querySelector('.price').textContent.substring(1));
        var quantity = parseFloat(row.querySelector('.quantity').value);
        var subtotal = price * quantity;
        row.querySelector('.subtotal').textContent = '¥' + subtotal.toFixed(2);
        total += subtotal;
    });
    document.getElementById('total-price').textContent = '¥' + total.toFixed(2);
}
```

任务3 结合本地存储模拟页面登录

1 任务描述

Localstorage 被称为本地存储，它可以存储多种数据在浏览器的多个页面中共享。利用这一特性，结合 JavaScript 对象类型，用本地存储数据与 JavaScript 对象数据比对，可以模拟页面登录，如图 4.18 所示，输入正确信息则可进入另一个页面。

图 4.18 模拟登录界面

2 理解任务

商业网站的用户登录当然是使用数据库技术，因为前端数据是公开可见的、不安全的。上述任务是为了学习 LocalStorage,js 对象设立的。从上述任务描述可以看出，要完成这一任务，应首先学习 LocalStorage 数据存储，同时要掌握 js 对象类型的数据存取技能。

3 技能储备

1）使用 JavaScript 对象

在 JavaScript 中，对象是一种复合数据类型，可以用于存储键值对。对象是 JavaScript 中的核心概念之一,对象类型是对现实事物的具象描述,基本变量只能保存基本数据,甚至数组也是保存相同类型的数据集合。然而现实生活中的同一事物具有多种属性,比如一辆汽车,有品牌、型号、颜色、排量、产地等属性,能否将这些属性整合到一个数据类型之中?对象字面量应运而生。

① 定义对象:你可以使用对象字面量(object literal)来定义对象。对象字面量是由一对大括号{}包裹的键值对,每个键值对之间用逗号分隔。

- 使用对象字面量定义对象。

```
let car = {
  brand: '大众',
  model: 'santana 2000',
  color: '黑色',
  city: '上海'
};
```

② 引用对象属性:可以使用点(.)符号或者方括号([ ])来引用对象的属性。

- 使用点符号引用对象属性。

```
console.log(car.brand); // 输出: 大众
```

- 使用方括号引用对象属性。

```
console.log(car['color']); // 输出: 黑色
```

③ 对象的方法:对象可以包含方法,方法是存储在对象属性中的函数。可以像访问对象属性一样调用对象的方法。

- 定义一个包含方法的对象。

```
let car = {
  brand: 'Volvo',
  model: 'Xc60',
  start: function() {
    console.log('The car is starting...');
  },
  drive: function() {
    console.log('The car is driving...');
  }
};
```

- 调用对象的方法。

```
car.start(); //输出: The car is starting...
car.drive(); //输出: The car is driving...
```

④ 对象类型的方法:JavaScript 内置了许多对象类型,每种对象类型都具有一些内置的方法,例如,字符串(string)、数组(array)、数字(number)等。

- 字符串对象类型的方法。

```
let greeting = 'Hello, World! ';
console.log(greeting.length); //输出: 13
console.log(greeting.toUpperCase()); //输出: HELLO, WORLD!
```

● 数组对象类型的方法。

```
let numbers = [1, 2, 3, 4, 5];
console.log(numbers.length); //输出: 5
console.log(numbers.reverse()); //输出: [5, 4, 3, 2, 1]
```

⑤ 对象应用案例：设计一个备忘录，通过按钮添加，事项不断被添加和更新。

```
<!DOCTYPE html>
<html lang="en">
<head>
  <meta charset="UTF-8">
  <meta name="viewport" content="width=device-width, initial-scale=1.0">
  <title>To-Do List App</title>
  <style>
    body {
      font-family: Arial, sans-serif;
      text-align: center;
      margin-top: 50px;
    }
    h1 {
      color: #2e6da4;
    }
    input[type="text"] {
      padding: 5px;
      margin-right: 10px;
      border-radius: 5px;
      border: 1px solid #ccc;
    }
    button {
      padding: 5px 10px;
      border-radius: 5px;
      background-color: #2e6da4;
      color: white;
      border: none;
      cursor: pointer;
    }
    ul {
      list-style: none;
      padding: 0;
    }
    li {
      padding: 5px 0;
      border-bottom: 1px solid #ccc;
    }
  </style>
</head>
<body>
  <h1>事件备忘录</h1>
```

```
<input type="text" id="newTaskInput" placeholder="添加事项内容">
<button id="addTaskButton">添加</button>
<ul id="taskList"></ul>

<script>
    //使用对象表示前端应用中的数据和行为
    let todoApp = {
        tasks: [],
        addTask: function(taskName) {
            this.tasks.push(taskName);
            this.renderTasks();
        },
        renderTasks: function() {
            let taskListElement = document.getElementById('taskList');
            taskListElement.innerHTML = '';
            this.tasks.forEach(function(task) {
                let taskItem = document.createElement('li');
                taskItem.textContent = task;
                taskListElement.appendChild(taskItem);
            });
        }
    };

    //监听按钮点击事件,调用对象方法
    document.getElementById('addTaskButton').addEventListener('click', function() {
        let newTaskInput = document.getElementById('newTaskInput');
        let taskName = newTaskInput.value;
        if (taskName.trim() !== '') {
            todoApp.addTask(taskName);
            newTaskInput.value = '';
        }
    });
</script>
</body>
</html>
```

在这个示例中,使用了 JavaScript 对象 todoApp 构建了一个待办事项列表应用。它包含了一个任务数组 tasks,以及添加任务(addTask)和渲染任务的方法(renderTasks)。

当用户在输入框中输入任务并点击"添加"按钮时,会调用 todoApp 对象的 addTask 方法来添加新的任务,并使用 renderTasks 方法来更新任务列表的显示(图 4.19)。

这个案例展示了如何使用对象来组织和管理前端应用中的数据和行为。对于更复杂的前端应用,对象的使用将会更加普遍和重要。

图 4.19 事件监听器

2）使用 dom 对象（选择、遍历、添加子元素）

（1）html dom

html dom(document object model)是针对 html 的一种树形结构的 API(应用程序编程接口)。当网页被浏览器加载时，浏览器会创建页面的文档对象模型。模型被构造为对象的树。如图 4.20 所示。

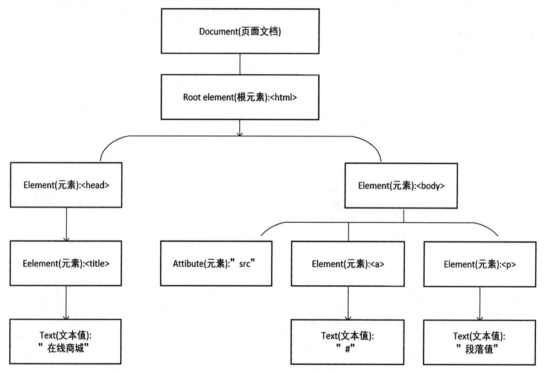

图 4.20 html dom 树模型

dom 是网页结构的表示方式，它允许开发人员通过编程的方式操纵页面的内容、结构和样式。html dom 将 html 文档表示为一个树形结构，其中每个元素都是树中的一个节点，并且每个节点都可以通过 JavaScript 或其他编程语言进行访问、修改和操作。

（2）dom 对页面元素的操作

① 选择页面元素

若要改变页面中的 html 元素，首先应对其进行查找工作，这通常被称为选择器。

a. 通过 id 选择 html 元素。

因为 id 是唯一值，所以在 dom 中查找 html 元素最简单的方法是通过使用元素的 id。
例如：

```
<p id="introduce">你好,欢迎来到江苏！</p>
<script>
x = document.getElementById("introduce");
document.write("<p>文本来自 id 为 intro 段落: " + x.innerHTML + "</p>");
</script>
```

b. 通过标签名选择 html 元素。

```
<p>你好,欢迎来到江苏! </p>
<div id = "main">
<p>南京,六朝古都,是江苏的省会城市。</p>
<p>该实例展示了    <b>getElementsByTagName</b> 方法</p>
</div>
<script>
var x = document.getElementById("main");
var y = x.getElementsByTagName("p");
document.write('id = "main"元素中的第一个段落为:' + y[0].innerHTML);
</script>
```

上述 id 名为"main"的 div 包含了两个 p 标签,x 变量取得"main",y 变量从 x 中取得 p 标签,p 标签有两个。所以 y 变量取得的是一个关于 p 的记录集合,以数组方式存在,y[0]以引用数组的方式引用记录集。

c. 通过类名选择 html 元素。

```
<p class = "introduce">你好,欢迎来到江苏! </p>
<p>该实例展示了 <b>getElementsByClassName</b> 方法! </p>
<script>
x = document.getElementsByClassName("introduce");
document.write(x[0].innerHTML);
</script>
```

② 改变页面元素

在 JavaScript 中,可以通过多种方法来改变页面元素的内容。以下是几种常用的方法:

a. 使用 innerHTML 属性

```
//获取 id 为 elementId 的元素
var element = document.getElementById("elementId");
//修改元素的内容
element.innerHTML = "新的内容";
```

这种方法会改变元素的 html 内容,包括标签和文本。需要格外注意的是,使用 innerHTML 会重新解析和渲染整个元素,可能会导致重新绑定事件监听器和重新计算样式。

b. 使用 textContent 或 innerText 属性

```
//获取 id 为 elementId 的元素
var element = document.getElementById("elementId");
//修改元素的文本内容
element.textContent = "新的文本内容";
//或者使用 innerText
element.innerText = "新的文本内容";
```

这种方法会改变元素内的纯文本内容,不包括 html 标签。它不会引起页面的重新解析和渲染,因此在修改文本内容时更高效。

c. 创建新的文本节点并替换原有内容

```
//获取 id 为 elementId 的元素
var element = document.getElementById("elementId");
```

```
//创建新的文本节点
var newText = document.createTextNode("新的文本内容");
//替换原有内容
element.innerHTML = '';
element.appendChild(newText);
```

这种方法会创建一个新的文本节点,并用它替换掉原先的内容。这是一种更加灵活的方式,可以在不影响原有结构的情况下修改元素的内容。

③ 改变页面元素属性

如需改变 html 元素的属性,请使用以下语法:

```
document.getElementById(id).attribute = 新属性值
    <img id = "image" src = "cz1.png">
<script>
    document.getElementById("image").src = "cz2.png";
</script>
```

④ 改变 css 样式

在 JavaScript 中,可以通过改变元素的样式来实现前端页面样式的改变。以下是几种常用的方法:

a. 直接修改元素的 style 属性:通过直接设置元素的 style 属性,可以改变元素的样式,如颜色、背景颜色、字体大小等。

```
//获取 id 为 elementId 的元素
var element = document.getElementById("elementId");
//修改元素的样式
element.style.color = "red";
element.style.backgroundColor = "lightblue";
```

b. 添加或移除元素的 class:通过操作元素的 classList 属性,可以动态地添加或移除元素的类,从而改变元素的样式。

```
//获取 id 为 elementId 的元素
var element = document.getElementById("elementId");
//添加 class
element.classList.add("newClass");
//移除 class
element.classList.remove("oldClass");
```

c. 使用 cssText 属性:可以通过设置元素的 cssText 属性来直接应用一段带有多个样式声明的 css 文本。

```
//获取 id 为 elementId 的元素
var element = document.getElementById("elementId");
//修改元素的样式
element.style.cssText = "color: red; background-color: lightblue;";
```

下面是一个简单的前端案例,演示了如何使用 JavaScript 来通过按钮点击改变页面元素的样式。

```html
<! DOCTYPE html>
<html>
<head>
<style>
  .originalStyle {
    color: black;
    background-color: white;
    padding: 10px;
    margin: 10px;
  }
  .newStyle {
    color:aquamarine;
    background-color: antiquewhite;
  }
</style>
</head>
<body>

<h1 id="myHeading" class="originalStyle">美丽中国</h1>

<button onclick="changeStyle()">改变样式</button>

<script>
function changeStyle() {
  var heading = document.getElementById("myHeading");
  heading.classList.add("newStyle");
}
</script>

</body>
</html>
```

在上面的例子中,通过点击按钮,调用 changeStyle 函数,将 id 为"myHeading"的元素的样式修改为 newStyle(图 4.21)。

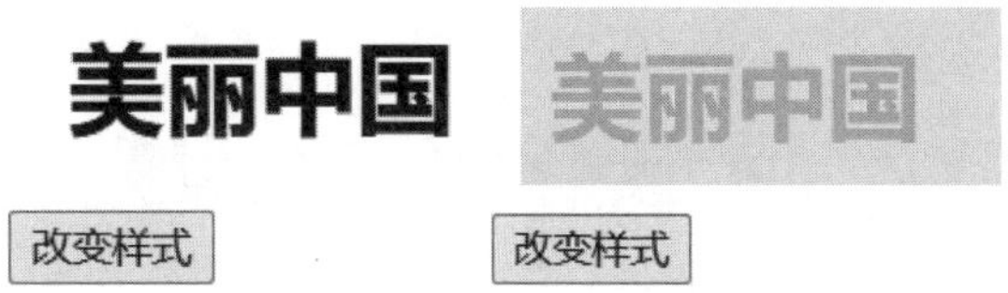

图 4.21 js 改变前端元素样式

3) 使用 localStorage 对象

localStorage 和 sessionStorage 是 WebStorage API 提供的两种机制,用于在客户端存储数据。它们都允许开发者将数据存储在用户的浏览器中,以便在不同页面和会话之间共享和保留数据。

① localStorage 用于长期存储数据,这些数据不会过期,直到用户清除浏览器缓存或通

过 JavaScript 代码移除它们。属性和方法如下：

localStorage.length：获取存储中的数据项数量。

localStorage.setItem(key, value)：将键值对添加到存储中。

localStorage.getItem(key)：根据键获取对应的值。

localStorage.removeItem(key)：根据键移除对应的项。

localStorage.clear()：清除所有存储的数据项。

② sessionStorage 用于临时存储数据，这些数据在当前会话结束时会被清除，例如关闭标签页或浏览器。属性和方法如下：

sessionStorage.length：获取存储中的数据项数量。

sessionStorage.setItem(key, value)：将键值对添加到存储中。

sessionStorage.getItem(key)：根据键获取对应的值。

sessionStorage.removeItem(key)：根据键移除对应的项。

sessionStorage.clear()：清除所有存储的数据项。

③ 前端应用案例

在网站上实现一个主题设置功能，允许用户在不同会话中保存他们喜欢的主题选项。

```
//存储用户选择的主题
function saveThemePreference(theme) {
    localStorage.setItem('theme', theme);
}

//加载用户保存的主题
function loadThemePreference() {
    const savedTheme = localStorage.getItem('theme');
    if (savedTheme) {
        //应用保存的主题
        applyTheme(savedTheme);
    } else {
        //如果没有保存的主题,则使用默认主题
        applyTheme('default');
    }
}

//应用主题样式
function applyTheme(theme) {
    //应用主题样式到页面
    // ...
}

//在页面加载时加载用户保存的主题
window.onload = loadThemePreference;
```

在上面的示例中，用户的主题选择通过 localStorage 永久保存。这样即使用户关闭页面，下次访问时仍能保持他们之前选择的主题。

4 任务实践

1) 任务规划与详细分析

如图 4.22(a)所示为"登录"界面,登录后进入图 4.22(b)所示的"基地详情"页面。根据功能分析,图(b)页面应在加载事件中首先检测某一字段,该字段与某值比较,若条件为真,则继续加载,否则应进入(a)图的"登录"界面。登录界面用户名和密码字段可以保存在对象中,一旦用户名和密码字段比对成功,设置一个字段,该字段内容与"基地详情"页面共享使用,"基地详情"页面退出时清除该字段,存储于 local 或 session 的数据只能被相同协议、相同主机名和相同端口的页面访问。session 存储只能用于窗口,一旦窗口关闭,生存期即结束。而 LocalStorage 能够长期使用,具备上述特性。所以上述分析中的字段使用 LocalStorage 设置。

注:商业网站的登录是使用数据库字段比对,不是使用前端对象,因为前端数据是透明的,本节项目案例只是以本地存储结合 JavaScript 对象、事件对登录界面的模拟应用。为演示过程,简化了登录界面,仅保留了用户名、密码和按钮等必要的元素。各字段规划如图 4.23 所示。

图 4.22 模拟登录界面

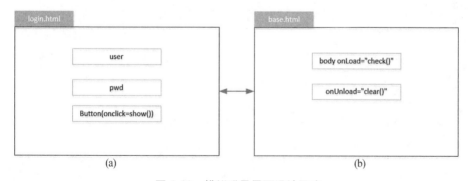

图 4.23 模拟登录界面设计思路

2) 模拟登录制作

步骤 1:本任务取自项目二,目标是设计并制作一个基地详情页面(base.html)。
步骤 2:在基地详情页面<body>标签添加如下代码:

```
<body onLoad = "check()" onUnload = "clear()">
<head></head>标签中添加:
<script src = "js/login.js"></script>
```

步骤3：设计并制作登录界面（login.html）。

添加登录界面前端元素如下：

```html
<!DOCTYPE html>
<html lang="zh-CN">
<head>
    <meta charset="UTF-8">
    <meta name="viewport" content="width=device-width, initial-scale=1.0">
    <title>用户登录</title>
<script src="js/login.js"></script>
    <style>
        body {
            font-family: Arial, sans-serif;
            background-color: #f8f8f8;
            margin: 0;
            padding: 0;
            display: flex;
            justify-content: center;
            align-items: center;
            height: 100vh;
        }
        .login-container {
            width: 350px;
            background-color: #fff;
            border-radius: 8px;
            box-shadow: 0 0 10px rgba(0, 0, 0, 0.1);
            overflow: hidden;
        }
        .login-header {
            background-color: #3d6a73;
            color: #fff;
            padding: 10px;
            text-align: center;
            font-weight: bold;
        }
        .login-header img {
            vertical-align: middle;
        }
        .login-header span {
            margin-left: 10px;
            font-size: 1.2em;
        }
        .login-form {
            padding: 20px;
        }
```

```css
        .login-form label {
            display: block;
            margin-bottom: 10px;
            color: #333;
        }
        .login-form input {
            width: 100%;
            padding: 8px;
            margin-bottom: 15px;
            border: 1px solid #ccc;
            border-radius: 4px;
            box-sizing: border-box;
        }
        .login-form button {
            width: 100%;
            padding: 10px;
            background-color: #bc3f37;
            color: #fff;
            border: none;
            border-radius: 4px;
            font-size: 16px;
            cursor: pointer;
        }
        .login-form button:hover {
            background-color: #a53630;
        }
        .login-form .links {
            display: flex;
            justify-content: space-between;
            font-size: 12px;
            color: #888;
        }
        .login-form .links a {
            text-decoration: none;
            color: #f58220;
        }
    </style>
</head>
<body>
    <div class="login-container">
        <div class="login-header">
            <span>用户登录 LOGIN</span>
        </div>
        <form class="login-form">
            <label for="user">用户名* </label>
```

```html
                <input type = "text" id = "user"   required>
                <label for = "pwd">密码* </label>
                <input type = "password" id = "pwd" required >
                 <label for = "captcha">验证码* </label>
                <input type = "text" id = "captcha" name = "captcha" >
<p id = "webtext"></p>
                <button type = "button" onClick = "show()">登录</button>
                <div class = "links">
                    <a href = "#">忘记密码</a>
                    <a href = "#">注册</a>
                </div>
            </form>
        </div>
    </body>
</html>
```

步骤 4：新建 login.js。创建对象并赋初值。

```javascript
// JavaScript Document
var person = {username:"tang",userpwd:"123456"};
function check(){
if (localStorage.getItem("check_user") = = null)
    window.location.href = "login.html";



}
function clear(){
    localStorage.removeItem("check_user");
}
```

步骤 5：在 login.js 文件中继续编写 show() 函数，该函数用于将前端用户密码与 js 脚本对象字段比对，成功则写入 localstorage，从而跳转到 base.html。为了简便，没有设置验证码校对。

```javascript
function show(){
    var x,y;
    x = document.getElementById("user");
    y = document.getElementById("pwd");
    if (person.username = = x.value && person.userpwd = = y.value)
        {
            localStorage.setItem("check_user",x.value);
            window.location.href = "base.html";
            //window.location.assign("base.html");
        }
    
    else
        document.getElementById("webtext").innerHTML = "<h1 >用户名密码错误</h1>";
}
```

任务 4 制作下拉提示搜索框

1 任务描述

JavaScript 数组、查找、侦听事件结合使用,能够从给定数组中查找既定条件的数据集。典型应用在网页前端,如在文本框中输入文本,在输入过程中,边输入边侦听,从已有数组中查找,符合条件的记录集以下拉列表形式显示,如图 4.24 所示。

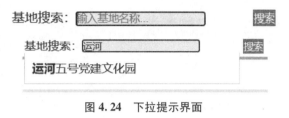

图 4.24　下拉提示界面

2 理解任务

图 4.24 是项目二"红色教育基地"中基地(base.html)页面中的内容。由于基地众多,页面空间有限,页面上不能全部显示所有基地名称。为此,页面上提供了文本框输入搜索功能,在输入的同时,下拉框提示。从该段描述中发现,要完成上述目标,应具备数组查找、事件监听、列表动态添加等技能。

3 技能储备

1) BOM 对象

BOM 对象是浏览器对象模型(Browser Object Model)的简称,由于浏览器已经实现了 JavaScript 交互性方面的相同方法和属性,因此这些方法和属性常被认为是 BOM 的一部分。

(1) window 对象

浏览器中的 window 对象是 JavaScript 中的全局对象,在前端开发中,它扮演着非常重要的角色。window 对象具有许多属性和方法,用于操作浏览器窗口、文档和浏览器本身。

① 属性。以下是 window 对象的一些常用属性:

window.innerHeight:浏览器窗口的视口高度(不包括工具栏和滚动条)。
window.innerWidth:浏览器窗口的视口宽度(不包括工具栏和滚动条)。
window.location:包含有关当前 URL 的信息,并且可以用于重定向页面。
window.document:表示当前窗口中载入的文档,可以用来操作文档内容。
window.navigator:包含有关浏览器的信息,如浏览器类型、版本等。
window.localStorage 和 window.sessionStorage:用于在浏览器中存储数据的 API。

② 方法。以下是 window 对象的一些常用方法:

```
//弹出警告框
window.alert("Hello, world!");
//打开一个新窗口
window.open("https://www.example.com");
//关闭当前窗口
window.close();
```

```
//设置定时器
window.setTimeout(function() {
   console.log("定时器触发了！");
}, 2000);
```

③ 前端案例。以下是一个使用 window 对象的前端案例，该案例利用 window 对象在浏览器窗口中弹出提示框。

```
<!DOCTYPE html>
<html>
<body>
<button onclick="showAlert()">点击我弹出提示框</button>
<script>
function showAlert() {
   window.alert("这是一个提示框！");
}
</script>
</body>
</html>
```

在这个案例中，按钮被点击时会调用 showAlert 函数，该函数使用 window.alert 方法弹出一个提示框。

（2）location 对象

window.location 对象提供了对浏览器当前 URL 的访问和操作，包括获取、设置和导航到不同的 URL。window.location 对象具有许多属性和方法，以下介绍一些常用的：

① 属性。

window.location.href：包含当前页面的 URL，可以读取或设置该属性来导航到不同的页面。

window.location.host：包含主机名和端口号。

window.location.hostname：包含主机名。

window.location.protocol：包含协议部分，如"http:"或"https:"。

window.location.pathname：包含 URL 中的路径部分。

window.location.search：包含 URL 查询参数部分。

window.location.hash：包含 URL 中的锚部分。

② 方法。

window.location.assign(url)：加载并显示指定 URL 的内容。

window.location.reload()：重新加载当前页面。

window.location.replace(url)：用指定的 URL 替换当前页面，无法通过浏览器的"后退"按钮返回原始页面。

③ 前端案例。以下是一个简单的前端案例，演示如何使用 window.location 对象来导航到不同的 URL。

```
<!DOCTYPE html>
<html>
<body>
<button onclick="redirectTo()">跳转到红色基地</button>
```

```
<script>
function redirectTo () {
  //使用 window.location.href 属性来设置跳转的 URL
  window.location.href = "base.html";
}
</script>
</body>
</html>
```

在这个案例中,点击按钮会调用 redirectToFittenTech 函数,该函数使用 window.location.href 属性将当前页面导航到红色基地页面。

通过这个案例,可以看到 window.location 对象的一个属性 href 被用来改变页面的 URL,实现了页面的跳转。除此之外,还有其他属性和方法可以根据具体需求对 URL 进行处理和导航。

(3) 弹窗

JavaScript 弹窗是网页前端开发中常见的交互组件,用于向用户展示信息、警告或者请求用户输入。JavaScript 弹窗一般分为三种类型:alert 弹窗、confirm 弹窗和 prompt 弹窗。

① alert 弹窗。alert 弹窗用于向用户展示一条信息,并只包含一个确认按钮。用户无法对弹窗进行任何操作,直到点击确认按钮。

以下是一个简单的 alert 弹窗的示例:

```
alert("Hello, this is an alert message!");
```

② confirm 弹窗。confirm 弹窗用于向用户展示一条信息,并且包含确认和取消两个按钮。通常用于需要用户确认或取消某个操作的场景。

以下是一个简单的 confirm 弹窗的示例:

```
if (confirm("Are you sure you want to delete this item?")) {
    //用户点击了确认按钮的处理逻辑
} else {
    //用户点击了取消按钮的处理逻辑
}
```

③ prompt 弹窗。prompt 弹窗用于向用户请求输入信息,并包含一个确认按钮和一个取消按钮。用户可以在弹窗中输入信息后点击"确认"按钮,或者直接点击"取消"按钮。

以下是一个简单的 prompt 弹窗的示例:

```
letcityInput = prompt("请输入城市名称:", "南京");
if (cityInput ! = = null) {
    //用户点击了确认按钮,并且输入了信息
    alert("你好, " + cityInput);
} else {
    //用户点击了取消按钮
    alert("没有输入");
}
```

4 项目实践

1) 任务规划与详细分析

该任务是制作 1 个搜索框和搜索按钮,搜索框可以有两种外观边框变化样式,并可以叠加在现有网页元素的上层。据此可以考虑将基地信息保存在 JavaScript 数组中,对文本框输入添加监听事件,键入首字母或汉字时从数组中检索,在下拉框中显示出来,下拉框采用动态添加 div 元素形式完成。对页面样式设置文本框相对定位,下拉框设置绝对定位,从而实现外观位置相对固定。据此设计如下思路图(图 4.25):

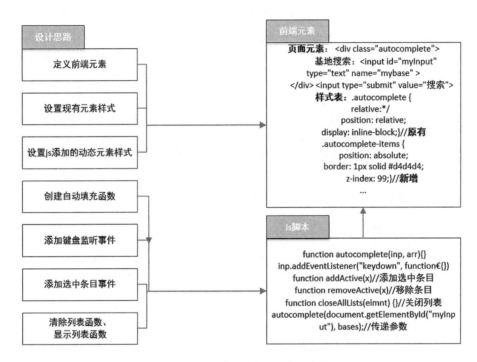

图 4.25 下拉提示界面设计思路图

2) 制作下拉提示搜索框

步骤 1:打开站点文件中的 base.html 文件(若不用 base.html 原有文件,可以直接从新建文件开始)。在菜单下方右侧区域,找到<div class="base_content_r"></div>标签,并在其中添加以下内容:

```
<div class="p_border">
    <form autocomplete="off" >
        <div class="autocomplete" style="width:300px;">
            基地搜索:<input id="myInput" type="text" name="mybase" placeholder="输入基地名称...">
        </div> <input type="submit" value="搜索">
    </form>
        <script src="js/imagination.js"></script>
    </div>
```

上述 class="p_border"是为搜索区右侧和下方添加边框线。

步骤 2：添加样式。

```css
<style>
    *   {box-sizing: border-box;}
    .autocomplete {
      /* the container must be positioned relative:*/
      position: relative;
      display: inline-block;
    }
    input {
       border: 1px solid transparent;
       background-color: #f1f1f1;




    }
    input[type=text] {
       background-color: #f1f1f1;


    }
    input[type=submit] {
       background-color: DodgerBlue;
       color: #fff;
    }
    .autocomplete-items {
       position: absolute;
       border: 1px solid #d4d4d4;
       border-bottom: none;
       border-top: none;
       z-index: 99;
       /* position the autocomplete items to be the same width as the container:*/
       top: 100%;
       left: 0;
       right: 0;
    }
    .autocomplete-items div {
       padding: 10px;
       cursor: pointer;
       background-color: #fff;
       border-bottom: 1px solid #d4d4d4;
    }
    .autocomplete-items div:hover {
       /* when hovering an item:*/
       background-color: #e9e9e9;
    }
    .autocomplete-active {
       /* when navigating through the items using the arrow keys:*/
       background-color: DodgerBlue !important;
       color: #ffffff;
    }
</style>
```

步骤 3：添加外部 JavaScript 脚本文件，并命名为 imagination.js，保存在站点文件夹 js 下方。编辑脚本为：

```javascript
// JavaScript Document
function autocomplete(inp, arr) {
    /* 函数主要有两个参数：文本框元素和自动补齐的完整数据*/
    var currentFocus;
    /* 监听 - 在写入时触发 */
    inp.addEventListener("input", function(e) {
        var a, b, i, val = this.value;
        /* 关闭已经打开的自动完成值列表*/
        closeAllLists();
        if (! val) { return false;}
        currentFocus = -1;
        /* 创建列表*/
        a = document.createElement("DIV");
        a.setAttribute("id", this.id + "autocomplete-list");
        a.setAttribute("class", "autocomplete-items");
        /* 添加 DIV 元素*/
        this.parentNode.appendChild(a);
        /* 循环数组...*/
        for (i = 0; i < arr.length; i++) {
            /* 检查选项是否以与文本字段值相同的字母开头*/
            if (arr[i].substr(0, val.length).toUpperCase() == val.toUpperCase()) {
                /* 为匹配元素创建 DIV*/
                b = document.createElement("DIV");
                /* 使匹配字母变粗体*/
                b.innerHTML = "<strong>" + arr[i].substr(0, val.length) + "</strong>";
                b.innerHTML += arr[i].substr(val.length);
                b.innerHTML += "<input type='hidden' value='" + arr[i] + "'>";
                b.addEventListener("click", function(e) {
                    inp.value = this.getElementsByTagName("input")[0].value;
                    closeAllLists();
                });
                a.appendChild(b);
            }
        }
    });
    inp.addEventListener("keydown", function(e) {
        var x = document.getElementById(this.id + "autocomplete-list");
        if (x) x = x.getElementsByTagName("div");
        if (e.keyCode == 40) {
            currentFocus++;
            addActive(x);
        } else if (e.keyCode == 38) { //up
            currentFocus--;
            addActive(x);
        } else if (e.keyCode == 13) {
            /* 回车键按下不作为默认的菜单提交项*/
            e.preventDefault();
            if (currentFocus > -1) {
                /* 模拟某项被单击*/
```

```
            if (x) x[currentFocus].click();
        }
    }
});
function addActive(x) {
    /* 筛选哪个条目作为活动项* /
    if (!x) return false;
    /* 移除活动项* /
    removeActive(x);
    if (currentFocus >= x.length) currentFocus = 0;
    if (currentFocus < 0) currentFocus = (x.length - 1);
    /* 添加样式 "autocomplete-active":* /
    x[currentFocus].classList.add("autocomplete-active");
}
function removeActive(x) {
    /* 移除下拉列表中活动项* /
    for (var i = 0; i < x.length; i++) {
        x[i].classList.remove("autocomplete-active");
    }
}
function closeAllLists(elmnt) {
    /* 关闭下拉提示框函数实体内容* /
    var x = document.getElementsByClassName("autocomplete-items");
    for (var i = 0; i < x.length; i++) {
        if (elmnt != x[i] && elmnt != inp) {
            x[i].parentNode.removeChild(x[i]);
        }
    }
}
/* 鼠标监听事件:单击页面时调用关闭下拉提示框函数* /
document.addEventListener("click", function (e) {
    closeAllLists(e.target);
});
}
/* 数组 - 包含基地名称列表* /
var bases = ["瞿秋白纪念馆","张太雷纪念馆","恽代英纪念馆","常州市革命烈士陵园","新四军江南指挥部旧址","冯仲云故居","戚机厂旧址","溧阳沙河水库","运河五号党建文化园"];
/* 传递参数* /
autocomplete(document.getElementById("myInput"), bases);
```

3) 使用 jQuery 制作下拉提示搜索框

上述是采用 JavaScript 制作下拉提示搜索框。由于 JavaScript 完成功能需要从基础模块开始编写,每个功能都要单独写函数并调用,导致代码量较大。而 jQuery 作为 JavaScript 的一个子集,提供了丰富的插件和功能,使得开发者能够用更少的代码实现更多的功能。以下为采用 jQuery-ui 插件的步骤:

步骤 1:将站点文件夹下的 base. html 文件复制一个副本,命名为 base - jq. html。

步骤 2:打开 base - jq. html 文件,进入编辑状态。删除原有<div class = " p_border" >

</div>标签内的搜索框和按钮,删除页面内<style></style>样式信息(若不用 base.html 原有文件,可以直接从步骤 3 开始)。

步骤 3:将 jquery-3.7.1.min.js、jquery-ui.min.js、jquery-ui.structure.min.css、jquery-ui. theme.min.css 文件分别拷贝到站点 js 和 css 文件夹下。在页面 base - jq.html 的<head> </head>标签内引用。

```
<link href = "css/jquery-ui.structure.min.css" rel = "stylesheet" type = "text/css">
<link href = "css/jquery-ui.theme.min.css" rel = "stylesheet" type = "text/css">
<script src = "js/jquery-3.7.1.min.js"></script>
<script src = "js/jquery-ui.min.js"></script>
```

步骤 4:在<div class = "p_border"></div>标签内添加文本框和搜索框页面元素。

```
<div class = "ui-widget">
  <label for = "bases">基地搜索: </label>
  <input id = "myInput"><input type = "submit" value = "搜索">
  <script src = "js/jq_myself.js">  </script>
</div>
```

步骤 5:在站点 js 文件夹下新建 jq_myself.js 文件,并输入以下内容:

```
$ (function() {
    var availableTags = ["瞿秋白纪念馆","张太雷纪念馆","恽代英纪念馆","常州市革命烈士陵园","新四军江南指挥部旧址","冯仲云故居","戚机厂旧址","溧阳沙河水库","运河五号党建文化园"];
    $ ( "#myInput" ).autocomplete({
      source: availableTags
    });
  });
```

运行结果如图 4.26 所示,可以看出 jQuery 插件与 js 原生代码相比,功能强大,代码简洁。

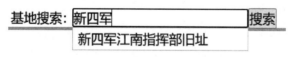

图 4.26 下拉提示界面运行图

项目五

应用轻量级框架简化功能开发流程

jQuery 是一个快速、小巧且功能丰富的 JavaScript 框架，旨在简化 html 文档的遍历、事件处理、动画和 Ajax 交互。jQuery 的设计宗旨是易用性，通过提供一组标准的方法，使得 JavaScript 编程在各种浏览器上都得到极大的简化。

jQuery 的主要特点包括：

- 跨浏览器兼容性：jQuery 能够解决不同浏览器之间的兼容性问题，让开发者编写的代码能运行在所有主流浏览器上。
- 链式调用：jQuery 的方法支持链式调用，使得代码更加简洁和易于阅读。
- 选择器：jQuery 提供了类似于 css 的选择器，可以快速选取页面上的元素。
- 事件处理：jQuery 简化了事件绑定的过程，支持各种类型的事件处理。
- 动画效果：jQuery 内置了多种动画效果，可以轻松实现元素的隐藏、显示、滑动等动画。
- Ajax：jQuery 简化了与服务器的异步数据交互，使得 Web 应用能够实现更丰富的用户交互。
- 插件生态：jQuery 拥有庞大的插件生态系统，可以轻松扩展 jQuery 的功能。

jQuery 能做什么？

- dom 操作：轻松地添加、删除、修改页面元素。
- 事件处理：绑定各种事件，如点击、滑动、键盘事件等。
- 动画效果：实现平滑的过渡效果，增强用户界面的动态性。
- Ajax 交互：与服务器进行异步数据交互，无需重新加载页面即可更新页面内容。
- 表单验证：简化表单验证的过程，提高用户体验。
- UI 组件：通过插件，可以快速集成复杂的 UI 组件，如日期选择器、下拉菜单等。

本项目主要知识要点见图 5.1。

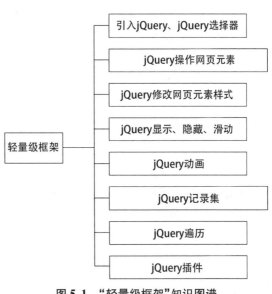

图 5.1 "轻量级框架"知识图谱

任务 1 jQuery 展示产品列表

1 任务描述

使用 jQuery 选择器获取页面元素,并实现基本的 DOM 操作,如显示、隐藏、修改内容等。一个典型的应用为创建一个简单的产品展示页面,通过 jQuery 实现产品信息的动态展示和隐藏。

2 理解任务

如图 5.2 所示,该菜单是某网站的侧边栏,用鼠标单击按钮文字,会动态弹出分支列表,再次单击,会动态隐藏分支列表。在没有学习 jQuery 之前,该功能往往通过 details 标签或使用 js 语句实现。jQuery 提供了显示与隐藏功能,非常便捷。要完成上述任务,首先应掌握 jQuery 的引入方式、调用方法等基本技能。

图 5.2 jQuery 弹出式列表

视频 5-1　　视频 5-2

3 技能储备

1) jQuery 的使用方法

(1) 引入 jQuery

jQuery 是 JavaScript 的一个函数库,文件后缀仍然是. js,目前采用两种方法引入。

其一,到 jQuery 官网下载 jquery. com,该站点提供两个版本供下载:压缩的产品版本(compressed production version)和未压缩的开发版本(uncompressed development version)。前者保留了绝大部分功能已精简。后者保留了完整的注释和源码,更适合开发阶段使用。目前最新版本是 3.7.1。

将下载的 jQuery 文件放在站点的 js 文件夹中,该文件本身就是一个 js 文件,引用方式和其他一样,使用<script src = "jquery 文件路径"></script>,如:

<script src = "js/jquery-3.7.1.min.js"></script>

其二,也可以通过 CDN(内容分发网络)引用它。百度和微软的服务器都存有 jQuery。引入代码分别为 < script src = " https://cdn. bootcss. com/jquery/3. 5. 1/jquery. min. js " ></script> 和<script src = " https://ajax. aspnetcdn. com/ajax/jQuery/jquery-3. 5. 1. min. js " ></script>。

确保在文档的<head>部分引入 jQuery,这样它在页面的其他部分使用之前就已经加载完成。

如果你的页面同时使用了其他 JavaScript 库,则要确保 jQuery 是第一个加载的,以避免潜在的冲突。

使用 CDN 可以提高页面的加载速度,因为 CDN 通常具有全球分布的服务器,用户可以从最近的服务器获取资源,而且 CDN 上的资源通常会被缓存,这意味着用户访问其他使用相同 CDN 资源的网站时不需要再次下载。

(2) jQuery 选择器

jQuery 对 dom 元素进行操作,首先应选中 dom 元素,而选中是通过选择器实现的。其基础语法是 $(selector).action( ),$ 是 jQuery 语法的起始标志,(selector)为选择对象,如 $("p")代表选择所有 p 标签元素,action( )代表的是对元素操作的方法,比如 $("p").hide( )代表对所有 p 标签元素执行隐藏命令。

```
$ ("p").hide() -隐藏所有 <p> 元素
$ ("p.border").hide() - 隐藏所有 class="border" 的 <p> 元素
$ ("#base").hide() - 隐藏 id="base" 的元素
```

jQuery 对 dom 元素进行操作,应保证所有的 dom 元素被加载后执行。因此,应将执行函数写在加载函数体内。如:

```
$ (document).ready(function(){ //开始写 jQuery 代码... });
```

例如:

```html
<! doctype html>
<html>
<head>
<meta charset="utf-8">
<title>jq 显示与隐藏</title>
<script src="js/jquery-3.7.1.min.js"></script>
    <script>
     $ (document).ready(function(){
        $ ("#meihua").click(function(){
         $ (this).hide();
        });
        $ ("#anniu").click(function(){
         $ ("#meihua").show();
        });
     });
     function yincang(){
        var x;
        x=document.getElementById("hehua");
        x.style.display="none";
     }
    </script>
</head>
<body>
    <div>
    <img id="meihua" src="images/mmexport1713254691565.jpg" style="max-width: 200px;"><br>
        <button id="anniu" >jq 显示</button>
        <button onClick="yincang()">js 隐藏</button>
    </div>
</body>
</html>
```

上述案例中,鼠标单击图片则图片消失,单击"js 隐藏"按钮则图片也消失,单击"jq 显示"按钮则图片显示(图 5.3)。从上述案例可以看出 js 代码和 jQuery 代码可以写在一个<script></script>标签内,js 隐藏是通过修改 dom 元素的 css 的 display="none"实现的,而 jQuery 本质也是这样,只是代码已经封装了,直接调用 $("#meihua").show();或 $("#meihua").hide()方法。

选择器的语法规范完全符合 css 样式(表 5.1)。

图 5.3 jQuery 隐藏元素

表 5.1 jQuery 选择器

$("*")	选取所有元素
$(this)	选取当前 HTML 元素
$("p.intro")	选取 class 为 intro 的<p>元素
$("p:first")	选取第一个<p>元素
$("ul li:first")	选取第一个<ul>元素的第一个<li>元素
$("ul li:first-child")	选取每个<ul>元素的第一个<li>元素
$("[href]")	选取带有 href 属性的元素
$("a[target='_blank']")	选取所有 target 属性值等于"_blank"的<a>元素
$("a[target!='_blank']")	选取所有 target 属性值不等于"_blank"的<a>元素
$(":button")	选取所有 type="button"的<input>元素和<button>元素
$("tr:even")	选取偶数位置的<tr>元素
$("tr:odd")	选取奇数位置的<tr>元素

2) jQuery 对 dom 操作(显示、隐藏、修改)

jQuery 提供了多种效果,如显示、隐藏、淡入淡出、滑动及动画功能。

(1) 显示与隐藏

```
$(selector).hide(speed,callback);
$(selector).show(speed,callback);
$(selector).toggle(speed,callback);
```

视频 5-3

其中,speed、callback 是可选参数,speed 可用值为"slow"、"fast"或毫秒。callback 是隐藏或显示完成后所执行的函数名称。

视频 5-4

例如:

```
<!DOCTYPE html>
<html>
<head>
    <script src="js/jquery-3.7.1.min.js"></script>
```

```
<script>
    $ (document).ready(function(){
        $ ("#hideButton").click(function(){
            $ ("#content").hide("slow", function(){
                alert("元素已隐藏!");
            });
        });
    });
</script>
</head>
<body>

<div id = "content" style = "padding:20px; background-color:#e5eecc;">
    这是要隐藏的内容。
</div>
<button id = "hideButton">点击隐藏内容</button>


</body>
</html>
```

上述按钮被单击后,触发$("#content").hide("slow",function());。该方法设置了"slow"时间特性,并调用function()。该函数调用一个弹窗,显示"元素已隐藏!"。通常情况下不需要时间和函数两个参数,直接采用hide()方法即可,并且可以设置1个按钮既能隐藏也能显示,使用toggle()方法。

(2) 淡入淡出

淡入淡出语法与显示隐藏相似,采用选择器+方法,如:

$ (selector).fadeIn(speed,callback); 淡入效果
$ (selector).fadeOut(speed,callback);淡出效果
$ (selector).fadeToggle(speed,callback);淡入淡出切换
$ (selector).fadeTo(speed,opacity,callback); 允许渐变为给定的不透明度。

jQuery fadein 效果如图 5.4 所示。

以下代码点击按钮,淡入 3 个 100 px×100 px 红黄蓝三色的正方形,同时按钮消失(图5.5)。

图 5.4　jQuery fadein 效果　　　　图 5.4　　　　图 5.5　jQuery 淡入淡出效果　　图 5.5

```
<! doctype html>
<html>
<head>
<meta charset = "utf-8">
<title>无标题文档</title>
    <script src = "js/jquery-3.7.1.min.js"></script>
    <style>
```

```
            .same {width: 100px;height: 100px;float:left;display: none;}
            #div1 {background-color: red;}
            #div2 {background-color: yellow;}
            #div3 {background-color: blue;}
        </style>
    </head>
<body>
        <div id = "div1" class = "same"></div>
        <div id = "div2" class = "same"></div>
        <div id = "div3" class = "same"></div>
        <button>淡入</button>
<script>
    $ (document).ready(function(){
    $ ("button").click(function(){
        $ ("#div1").fadeIn();
        $ ("#div2").fadeIn("slow");
        $ ("#div3").fadeIn(3000);
        $ (this).hide();
    });
    });
</script>
</body>
</html>
```

$(selector).fadeTo(speed,opacity,callback);，该方法的 speed 是必需参数，可以为"slow"、"fast"或毫秒，opacity 也是必需参数，取值范围在 0~1 之间。callback 是可选参数。

将上述代码"display：none"属性值去掉，并将<script>部分改为：

```
<script>
    $ (document).ready(function(){
    $ ("button").click(function(){
        $ ("#div1").fadeTo("slow",0.3);
        $ ("#div2").fadeTo("slow",0.5);
        $ ("#div3").fadeTo("slow",0.7);
        $ (this).hide();
    });
    });
</script>
```

（3）滑动

$(selector).slideDown(speed,callback);参数可选，向下滑动。

$(selector).slideUp(speed,callback);参数可选，向上滑动。

$(selector).slideToggle(speed,callback);参数可选，向上向下两种状态滑动。

如下代码搭建了一个页面的主框架，新建一个文件命名为 jqmenu.html，鼠标单击菜单，子菜单区显示，再次单击，子菜单消失。为了节省篇幅，子菜单没有做具体内容，以一个 div 尺寸表现。

```html
<! doctype html>
<html>
<head>
<meta charset = "utf-8">
<title>无标题文档</title>
    <style>
        * {margin: 0px;padding: 0px;}
        #top {width: 100% ;background: #43CFF4;height: 300px;}
        .menu{width: 100% ; height: 80px;background:#209EEC; }
        .menu ul{margin: 0px;padding: 0px;}
        .menu ul li {width: 20% ;float:left;list-style:none;text-align: center;line-height: 80px;font-size: 1.5em;}
        .menu ul li a {color: aliceblue;text-decoration: none;}
        .menu ul li a:hover {background: #8C2AF7;display: block;}
        .submenu{width: 100% ; height: 400px;background:#BAA547;display: none;}
        .main {width: 100% ; height: 300px;background:#EC6164; }
    </style>
    <script src = "js/jquery-3.7.1.min.js"></script>
    <script>
     $ (document).ready(function(){
        $ (".menu ul li").click(function(){
            $ (".submenu").toggle();
        });
    });

    </script>
</head>
<body>
    <div id = "top"></div>
    <div class = "menu">
    <ul>
    <li><a href = "#">汉字演化史</a></li>
        <li><a href = "#">认识汉字</a></li>
        <li><a href = "#">汉语拼读</a></li>
        <li><a href = "#">唐诗与宋词</a></li>
        <li><a href = "#">汉字佳话</a></li>
    </ul>
    </div>
    <div class = "submenu"></div>
    <div class = "main"></div>
</body>
</html>
```

jQuery toggle 效果如图 5.6、图 5.7 所示。

图 5.6　jQuery toggle 效果一　　　　图 5.7　jQuery toggle 效果二

4 任务实践

某生产型企业生产多种机械产品,在其产品主页左侧显示产品分类,如图 5.8 所示。单击各产品系列能够弹出相应的产品列表,再次单击,该列表隐藏。根据该功能描述,可以考虑采用 jQuery 的 slideToggle( )方法实现。

图 5.8 侧边栏显示与隐藏

步骤 1:设计前端页面元素,左侧产品区占 30%。

```
<!DOCTYPE html>
<html>
<head>
  <title>产品展示页面</title>
</head>
<body>
<div id="prod_box">
<div class="prod_bgstyle"><h3>|产品分类</h3></div>
<div class="product">
  <h3 class="product-title">等离子切割系列</h3>
  <div class="product-info" style="display: none;">
    <p>高频气冷等离子</p>
    <p>高频液冷等离子</p>
    <p>非高频系列等离子</p>
  </div>
</div>
<div class="product">
  <h3 class="product-title">气保焊系列</h3>
  <div class="product-info" style="display: none;">
```

```html
        <p>适配宾采尔系列</p>
        <p>适配特维克系列</p>
        <p>适配 OTC 系列</p>
    </div>
</div>
<div class="product">
    <h3 class="product-title">氩弧焊系列</h3>
    <div class="product-info" style="display: none;">
        <p>17 系列气冷</p>
        <p>20 系列液冷</p>
        <p>26 系列液冷</p>
    </div>
</div>
</div>
</body>
</html>
```

步骤 2：给产品列表添加样式。

```html
<style>
    #prod_box {width:30% ;}
    .prod_bgstyle {height: 80px;background: #DD5153;line-height: 80px;padding: 0px 20px;box-sizing: border-box;color:white; text-align: center;}
    .product {
        border: 1px solid #ccc;
        padding: 10px;
        margin: 10px 0px;
        text-align: center;
    }
    .product-info p {padding: 10px;border-bottom: 1px dashed #C4BBBB;}
</style>
```

步骤 3：引用本地 jQuery 文件，并编写 jQuery 代码。

```html
<script src="js/jquery-3.7.1.min.js"></script>
<script>
    $(document).ready(function(){
        //点击产品标题展示/隐藏产品信息
        $(".product-title").click(function(){
            $(this).next(".product-info").slideToggle();
        });
    });
</script>
```

在这个示例中，我们使用了 jQuery 来监听产品标题的点击事件，并通过.slideToggle( )方法来实现产品信息的动态展示和隐藏。当用户点击产品标题时，相邻的产品信息会被切换显示或隐藏。

任务 2 页面样式动态更改

1 任务描述

利用 jQuery 来动态修改页面元素的样式,如颜色、背景、边框等。典型应用:设计一个主题切换功能,用户可以点击按钮来改变网站的颜色主题。

2 理解任务

如图 5.9 所示,同一网页提供多种文字样式或背景。单击下方图形按钮,上方图片背景、文字背景发生变化,甚至文字字体样式也发生改变。jQuery 能够精确选取前端元素,并添加或删除样式。为此,应先掌握 jQuery 对前端元素的捕获、添加或删除样式技能。

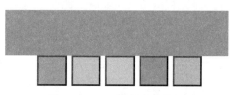

图 5.9 页面样式动态按钮

图 5.9

3 技能储备

1) jQuery 的捕获与设置

当在 jQuery 中操作元素的内容时,可以使用 text( )、html( ) 和 val( ) 方法来分别设置元素的文本内容、html 内容和值(比如输入框的值)。

(1) text( ) 方法

text( ) 方法用于设置或返回元素的文本内容,不会解析其中的 html 标签,只会处理纯文本内容。

示例代码:

```
<div id="myDiv">这是一段 <b>加粗</b> 的文本。</div>

<script>
  //返回元素的文本内容
  var content = $("#myDiv").text();
  console.log(content); //输出:这是一段 加粗 的文本。

  //设置元素的文本内容
  $("#myDiv").text("这是修改后的文本内容");
</script>
```

(2) html( ) 方法

html( ) 方法用于设置或返回元素的 html 内容,可以处理包含 html 标签的内容。

示例代码:

```
<div id="myDiv">初始的 <b>加粗</b> 文本内容。</div>
```

```
<script>
    //返回元素的 HTML 内容
    var content = $("#myDiv").html();
    console.log(content); //输出:初始的 <b>加粗</b> 文本内容。

    //设置元素的 HTML 内容
    $("#myDiv").html("修改后的 <i>斜体</i> 内容");
</script>
```

(3) val( )方法

val( )方法主要用于表单元素,用于设置或返回元素的值,比如文本输入框、下拉框等的值。

示例代码:

```
<input type="text" id="myInput" value="初始的输入值">

<script>
    //返回输入框的值
    var value = $("#myInput").val();
    console.log(value); //输出:初始的输入值

    //设置输入框的值
    $("#myInput").val("修改后的输入值");
</script>
```

(4) jQuery attr( ) 方法

用于获取元素的属性值或为元素设置属性值。可以使用它来操作元素的属性,比如 id、class、href 等。

- 获取属性值:使用 attr( )方法来获取元素的指定属性值。

示例代码:

```
<a id="myLink" href="https://www.example.com">Example Link</a>

<script>
    //获取 id 为 myLink 的链接的 href 属性值
    var hrefValue = $("#myLink").attr("href");
    console.log(hrefValue); //输出:https://www.example.com
</script>
```

- 设置属性值:使用 attr( )方法来为元素设置指定属性的值。

示例代码:

```
<img id="myImage" src="placeholder.jpg" alt="Placeholder Image">
<script>
    //为 id 为 myImage 的图片设置新的 alt 属性值
    $("#myImage").attr("alt", "New Alt Text");
</script>
```

- 处理自定义属性：attr( )方法也可以用于处理自定义属性，比如 data-＊属性。

示例代码：

```
<div id="myDiv" data-custom="123">Custom Data</div>

<script>
  //获取自定义属性 data-custom 的值
  var customValue = $("#myDiv").attr("data-custom");
  console.log(customValue); //输出：123
</script>
```

通过上述示例，可以了解 attr( )方法在 jQuery 中的用法，也可以根据需要使用它来获取或设置元素的属性值，包括标准属性和自定义属性。

2) jQuery 操作 css 方法

jQuery 有多种操作 css 的方法，比如：

addClass( )：向被选元素添加一个或多个类。

removeClass( )：从被选元素删除一个或多个类。

toggleClass( )：对被选元素进行添加/删除类的切换操作。

css( )：设置或返回样式属性。

addClass( )和 removeClass( )是 jQuery 中用于添加和移除 css 类的方法，它们允许通过 JavaScript 动态地改变元素的样式。

（1）addClass( )方法

addClass( )方法用于为匹配的元素添加一个或多个 css 类。

示例代码：

```
<style>
.highlight {
    background-color: yellow;
}
</style>

<script>
//添加 highlight 类到指定元素
$("#myElement").addClass("highlight");
</script>
```

（2）removeClass( )方法

removeClass( )方法用于从匹配的元素移除一个或多个 css 类。

示例代码：

```
<style>
.highlight {
    background-color: yellow;
}
</style>

<script>
```

```
//从指定元素移除 highlight 类
$ ("#myElement").removeClass("highlight");
</script>
```

通过这些示例，您可以了解如何使用 addClass( ) 和 removeClass( ) 方法在 jQuery 中操作元素的类。这两个方法是非常有用的，特别是在需要通过 JavaScript 动态改变元素样式时。

（3）toggleClass( )方法

toggleClass( )方法用于在元素上切换一个或多个 css 类。如果元素已经包含指定的类，则它将被移除；如果元素不包含指定的类，则它将被添加。

以下是 toggleClass( ) 方法的使用方法和示例：

```
<style>
  .highlight {
    background-color: yellow;
  }

  .underline {
    text-decoration: underline;
  }
</style>

<script>
  //点击按钮时切换 highlight 类
  $ ("#toggleButton").click(function(){
    $ ("#myElement").toggleClass("highlight");
  });

  //每秒切换 underline 类
  setInterval(function(){
    $ ("#myElement").toggleClass("underline");
  }, 1000);
</script>
```

在这个示例中，当点击按钮时，toggleClass( )方法被用于在#myElement 上切换 highlight 类。此外，使用 setInterval( )函数每秒调用 toggleClass( )方法，以便切换 underline 类，从而动态改变元素的样式。

通过这个示例，可以清楚地了解如何使用 toggleClass( )方法在 jQuery 中动态切换元素的类。这个方法非常方便，可以用于创建交互式的用户界面和动态改变元素的样式。

（4）css( )方法

css( )方法用于设置或返回元素的一个或多个 css 属性的值。

以下是 css( )方法的使用方法和示例：

a. 设置单个属性的值。

```
<script>
//设置 id 为 myElement 的元素的背景颜色为红色
 $ ("#myElement").css("background-color", "red");
</script>
```

① 设置多个属性的值。

```
<script>
//设置 id 为 myElement 的元素的多个样式属性
$ ("#myElement").css({
    "background-color": "red",
    "color": "white",
    "font-size": "20px"
});
</script>
```

② 返回单个属性的值。

```
<script>
//返回 id 为 myElement 的元素的宽度
var width = $ ("#myElement").css("width");
console.log(width); //输出宽度值
</script>
```

在 jQuery 中设置和获取元素的 css 属性值,这个方法非常灵活,可以用于动态地修改元素的样式,或者获取元素的当前样式值。

4 任务实践

同一网站可能会有多种页面主题,页面主题主要是通过改变页面元素的文字、背景、颜色等样式实现的。如图 5.10 所示,页面下方有 5 个正方形按钮,点击每个按钮,页面的文字和背景改变为按钮颜色的风格。

经过分析可知,使用 jQuery.css( )方法能够快速改变样式,上述 5 个正方形按钮具有外观大小相同、颜色不同的属性,可以定义一个 nomal 样式为尺寸共用,其余颜色样式单独定义。为简化篇幅,本节只做页面局部,据此采用如下步骤制作。

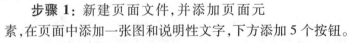

图 5.10 页面样式动态按钮

图 5.10

步骤 1:新建页面文件,并添加页面元素,在页面中添加一张图和说明性文字,下方添加 5 个按钮。

```
<body>
    <div id="flower">
        <img src="images/wintersweet.jpg"><br><br>蜡梅,又名腊梅…
    </div>
    <div id="btn">
        <button class="normal" id="b1"></button>
        <button class="normal" id="b2"></button>
        <button class="normal" id="b3"></button>
        <button class="normal" id="b4"></button>
```

```
        <button class="normal" id="b5"></button>
    </div>
</body>
```

步骤 2：添加样式。

```
<style>
        #flower {font-size:1.2em;overflow: auto;}
        #flower img {float:left; padding: 20px;width: 750px;height: 450px;}
        #btn {clear: left;text-align: center;}
        .normal {width:30px;height:30px;}
        #b1 {background:#F0B0EB;}
        #b2 {background:#C1E5EC;}
        #b3 {background: #F4E19E;}
        #b4 {background:#B6B2B2;}
        #b5 {background:#CCDE9A;}
        .b4class {background:#B6B2B2;color: #DA5153;}
</style>
```

步骤 3：添加 jQuery 语句。

```
<script src="js/jquery-3.7.1.min.js"></script>
    <script>
      $("document").ready(function(){
        $("#b1").click(function(){
            $("#flower").css({'background':'#F0B0EB','color':'white'});
        });
        $("#b2").click(function(){
            $("#flower").css({'background':'#C1E5EC','color':'red'});
        });
        $("#b3").click(function(){
            $("#flower").css({'background':'#F4E19E','color':'blue'});
        });
        $("#b4").click(function(){
            $("#flower").css({'background':'#B6B2B2','color':'red'});
        });
        /*  $("#b4").click(function(){
            $("#flower").toggleClass("b4class");
        });*  /
        $("#b5").click(function(){
            $("#flower").css({'background':'#CCDE9A','color':'white'});
        });
      });
    </script>
```

任务3　实现网页基本动画效果

1 任务描述

使用 jQuery 的动画功能为页面添加基本的动态效果,如淡入淡出、滑动等。典型应用:制作动态按钮,通过 jQuery 动画实现鼠标滑过按钮,按钮自上而下背景颜色发生变化。

2 理解任务

图 5.11(a)(b)(c)分别为按钮正常状态、鼠标滑过状态、鼠标离开状态。从图中可以看出该按钮背景发生变化,并不是整体颜色直接过渡,而是颜色从上到下显示,从下往上消失。此处调用了 jQuery 动画效果,该效果是让蓝色背景自上而下显示,自下而上消失。为此,应具备 jQuery 动画技能。

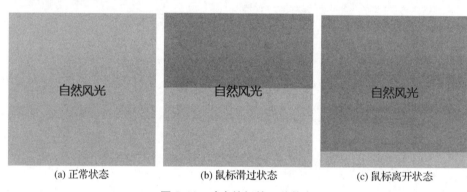

(a) 正常状态　　　(b) 鼠标滑过状态　　　(c) 鼠标离开状态

图 5.11　动态按钮的三种状态

3 技能储备

视频 5-5

1) 动画效果

jQuery animate() 方法用于创建自定义动画。语法格式为:

$ (selector).animate({params},speed,callback);

{params}为必需参数,其他为可选参数。

对上一节"认识汉字"案例(jqmenu.html)做个修改,将上述文件复制改名为 jqmenu-anim.html,在#top 区添加一个<div id="logo">标签,该区域采用 absolute 定位,添加如下完整代码:

```
<! doctype html>
<html>
<head>
<meta charset = "utf-8">
<title>无标题文档</title>
    <style>
```

```
            * {margin: 0px;padding: 0px;}
            #top {width: 100% ;background: #43CFF4;height: 300px;position:relative;}
            #logo {width: 50px;height: 50px;background: #D36002;position: absolute;}
            .menu{width: 100% ; height: 80px;background:#209EEC; }
            .menu ul{margin: 0px;padding: 0px;}
            .menu ul li {width: 20% ;float:left;list-style:none;text-align: center;line-height: 80px;font-size: 1.5em;}
            .menu ul li a {color: aliceblue;text-decoration: none;}
            .menu ul li a:hover {background: #8C2AF7;display: block;}
            .submenu{width: 100% ; height: 400px;background:#BAA547;display: none;}
            .main {width: 100% ; height: 300px;background:#EC6164; }
        </style>
        <script src = "js/jquery-3.7.1.min.js"></script>
        <script>
          $ (document).ready(function(){
              $ (".menu ul li").click(function(){
                   $ (".submenu").toggle();
              });
              $ ("#top").click(function(){
                 $ ("#logo").animate({right:'0px'});
                 $ ("#logo").animate({bottom:'0px'});
                 $ ("#logo").animate({left:'0px'});
                 $ ("#logo").animate({top:'0px'});
            });
          });
        </script>
    </head>
    <body>
        <div id = "top"><div id = "logo">logo</div></div>
        <div class = "menu">
        <ul>
        <li><a href = "#">汉字演化史</a></li>
            <li><a href = "#">认识汉字</a></li>
            <li><a href = "#">汉语拼读</a></li>
            <li><a href = "#">唐诗与宋词</a></li>
            <li><a href = "#">汉字佳话</a></li>
        </ul>
        </div>
        <div class = "submenu"></div>
        <div class = "main"></div>
    </body>
</html>
```

运行后可以看到logo区在top区域内从左到右到下到左,最后回到初始位置(图5.12)。

图5.12　动态图标

2) 停止动画效果

$(selector).stop(stopAll,goToEnd);用于停止动画或效果。在动画未完成前,可以终止正在进行的动画。stopAll 参数是停止所有动画队列,包括还未开始的动画,默认是 false,goToEnd 参数规定是否立即完成当前动画,默认是 false。

如将上述 logo 区域运行的 jQuery 代码,增加:

```
$("#top").dblclick(function(){
    $("#logo").stop();
});
```

运行时首先单击 top 区域,logo 区从左到右到下到左最后回到初始位置。一旦这个过程中双击鼠标,当前正在执行的单个动画条目被取消,进行下一个动画条目,即如果在 logo 正在从左向右运行时双击,logo 区不会运行到浏览器最右边,而是直接从当前运动到的位置向下运行。

3) jQuery 链操作

jQuery 允许用户在相同的元素上运行多条 jQuery 命令,一条接着另一条。这叫作链接(chaining)的技术。

如 $("#div1").css("color","red").slideUp(2000).slideDown(2000);

例如,将上述 logo 区的运动代码改为:

```
$("#top").click(function(){
    $("#logo").animate({right:'0px'}).animate({bottom:'0px'}).animate({left:'0px'}).animate({top:'0px'});
});
```

运行结果与上述分开写相同。依据此方法,可以给同一元素添加不同效果,实现动画效果。

4) jQuery 添加元素

(1) 添加新内容的四个 jQuery 方法

append( ):在被选元素的结尾插入内容。
prepend( ):在被选元素的开头插入内容。
after( ):在被选元素之后插入内容。
before( ):在被选元素之前插入内容。

① append( )方法

```
<!DOCTYPE html>
<html>
<head>
<meta charset="utf-8">
<script src="js/jquery-3.7.1.min.js">
</script>
<script>
$(document).ready(function(){
    $("#btn1").click(function(){
        $("p").append(" <b>焊接设备</b>。");
    });
```

```
});
</script>
</head>
<body>
<p>高频气冷等离子</p>
<p>高频液冷等离子</p>
<p>非高频系列等离子</p>
<button id = "btn1">添加文本</button>
</body>
</html>
```

append()括号内的参数可以添加 html 标签,执行后显示标签特征,如图 5.13(a)所示。

```
如<ol>
<li>高频气冷等离子</li>
<li>高频液冷等离子</li>
<li>非高频系列等离子</li>
</ol>
<button id = "btn2">添加列表项</button>
...
<script>
 $ (document).ready(function(){
   $ ("#btn2").click(function(){
     $ ("ol").append("<li>P80 等离子焊割系列</li>");
   });
});
</script>
```

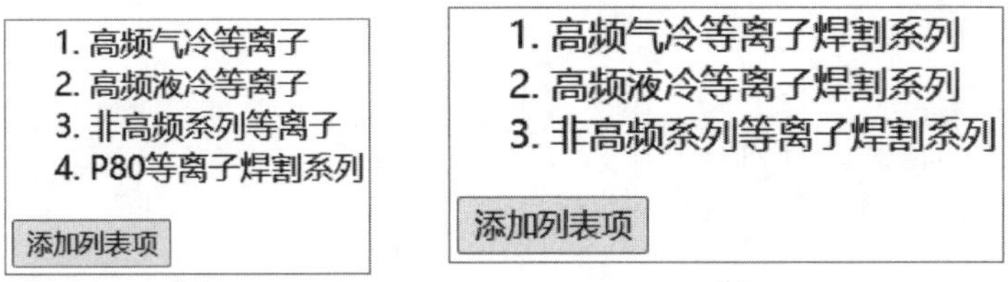

(a)　　　　　　　　　　(b)

图 5.13　jQuery append 方法添加列表

如果将上述 $("ol").append("<li>P80 等离子焊割系列</li>");改为 $("li").append("焊割系列");,,意味着要在每个条目尾部添加"焊割系列"词语后缀,如图 5.13(b)所示。

② prepend()方法

prepend()用法与 append()相同,代表向被选元素的开头插入元素。

jQuery 的 after()和 before()方法用于在选定的元素内容之后或之前插入内容。这两个方法通常用于 dom 操作,允许添加 html 字符串、元素或 jQuery 对象。

③ after()方法

after()方法将内容插入到每个匹配元素的后面。如果内容是一个 html 字符串,jQuery 会创建一个新的 dom 元素,然后将它插入到每个选定元素的后面。

④ before()方法

与 after( )类似,before( )方法将内容插入到每个匹配元素的前面。
(2)案例
假设我们有以下 html 结构:

```
<div class = "container">
    <p class = "target">这是要操作的元素。</p>
</div>
```

① 使用 after( )方法
如果想在 p 元素后面添加一个新的段落,可以这样做:

```
$ (document).ready(function() {
    $ ('.target').after('<p>这是新添加的段落,它位于原始段落之后。</p>');
});
```

执行上面的代码后,html 结构将变为:

```
<div class = "container">
    <p class = "target">这是要操作的元素。</p>
    <p>这是新添加的段落,它位于原始段落之后。</p>
</div>
```

② 使用 before( )方法
如果想在 p 元素前面添加一个新的段落,可以这样做:

```
$ (document).ready(function() {
    $ ('.target').before('<p>这是新添加的段落,它位于原始段落之前。</p>');
});
```

执行上面的代码后,html 结构将变为:

```
<div class = "container">
    <p>这是新添加的段落,它位于原始段落之前。</p>
    <p class = "target">这是要操作的元素。</p>
</div>
```

(3)注意事项
after( )和 before( )可以插入多个元素,jQuery 会自动处理。插入的内容可以是 html 字符串、dom 元素或 jQuery 对象。这些方法不会修改原始的 html 字符串,它们会直接操作 dom。使用这些方法时,请确保 jQuery 代码在文档加载完成后执行,通常放在 $(document).ready( )函数中。

5)jQuery 删除元素
如需删除元素和内容,一般可使用以下两个 jQuery 方法:
- remove( ):删除被选元素及其子元素。
- empty( ):从被选元素中删除子元素。

① jQuery remove( )方法删除被选元素及其子元素。如:

```
<! DOCTYPE html>
<html>
<head>
```

```
<meta charset="utf-8">
<style>
    ol {width:200px; background:#C1B5B6;}
</style>
<script src="js/jquery-3.7.1.min.js">
</script>
<script>
 $(document).ready(function(){
   $("#btn2").click(function(){
     $("ol").remove();
   });
 });
</script>
</head>
<body>
<ol>
<li>高频气冷等离子</li>
<li>高频液冷等离子</li>
<li>非高频系列等离子</li>
</ol>
<button id="btn2">删除列表项</button>
</body>
</html>
```

② 执行上述代码，<ol>元素被删除。

empty()方法用于清除选中元素的子元素。

注：若将上述$("ol").remove();改为$("ol").empty();，笔者的本意是让<ol>元素仍然存在，<li>被删除，表现为<ol>元素的外观尺寸和背景都在。但是事实上，<ol>元素和样式都被清空了，结果和$("ol").remove()一样。

若要实现上述目的，可以执行以下代码：

```
$(document).ready(function(){
  $("#btn2").click(function(){
    //清空<ol>元素的内容
    $("ol").empty();
    //重新设置<ol>元素的背景和尺寸
    $("ol").css({width: "200px", background: "#C1B5B6"});
  });
});
```

或者将<ol>元素放入一个div标签：$("#div1").empty()中即可。

4 任务实践

动画按钮经常应用于网站前端页面，来实现鼠标滑过颜色变化的效果。比如，一个灰色背景按钮（盒子），鼠标滑过自上而下颜色发生变化，鼠标离开，颜色恢复原状，如图5.14所示。

视频 5-6

图 5.14 动态按钮

制作分析：该按钮可以看作是一个盒子，假设该盒子尺寸为 200 px×200 px，采用相对定位方式。在盒子内部设置一个与该按钮尺寸一样大小的盒子，称为重叠盒子，采用绝对定位方式。通常情况下，重叠盒子在按钮盒子正上方 -100% 位置。当鼠标滑过按钮时，jQuery 调用 hover 事件。该事件调用 jQuery 动画方法（animate( )），使重叠盒子距离按钮盒子 top：0px，继续调用 top：-100% px，从而实现背景自上而下的动态效果。为保持设计的简洁性和美观性，需要将重叠盒子在按钮盒子外部的部分设置成被隐藏。这可以通过设置样式 overflow：hidden 来实现。

步骤 1：新建 html5 文件，命名为 jq_animate.html，添加前端元素。

```html
<body>
  <div class="custom-box">
   自然风光
    <div class="overlay"></div>
  </div>
</body>
```

步骤 2：给前端元素添加样式。

```css
<style>
  .custom-box {
    width: 200px;
    height: 200px;
    background-color: #ccc;
    text-align: center;
    line-height: 200px;
    overflow: hidden;
    position: relative;
  }
  .custom-box .overlay {
    position: absolute;
    top: -100%;
    left: 0;
    width: 100%;
    height: 100%;
    background-color: darkturquoise;
    transition: top 0.3s;
  }
</style>
```

步骤 3：引用 jquery.js，并编写调用代码。

```
<script src="js/jquery-3.7.1.min.js"></script>
<script>
  $(document).ready(function(){
    $(".custom-box").hover(
      function() {
        $(this).find('.overlay').animate({top: "0% "}, 300);
      },
      function() {
        $(this).find('.overlay').animate({top: "- 100% "}, 300);
      }
    );
  });
</script>
```

我们添加了一个名为 overlay 的伪元素作为盒子的子元素，并将其初始位置定位在盒子的顶部之外。通过 jQuery 的 animate 函数，我们在鼠标滑过时将 overlay 元素的位置从上向下进行动画变化，从而实现了背景从上向下产生蓝色的动画效果。鼠标移出时，同样也通过动画将 overlay 元素的位置恢复到初始状态。

top："-100%" 这行代码指定了.overlay 元素相对于其父元素.custom-box 的初始位置。当一个元素的 position 属性被设置为 absolute 时，它会以距离最近的具有定位（非 static）的父元素的内容框作为参考。如果没有这样的元素，它会以初始包含块为参考。

在这个例子中，.overlay 元素的初始位置是相对于其父元素.custom-box 的上边缘为参考的。因为我们设置了 top："-100%"，所以.overlay 元素的顶部会向上移动到其父元素的外部，具体移动的距离就是其自身高度的 100%。

通过这个初始位置的设置，我们在鼠标滑过时可以通过 jQuery 的动画函数来将.overlay 元素的顶部位置逐渐从-100%变化到 0%，从而实现从上向下产生蓝色背景的动画效果。

尽管如此，当.overlay 元素设定为 position：absolute 时，它会相对于最近的具有定位（非 static）的祖先元素进行定位。如果.overlay 元素的父元素（position：relative）在页面上有其他元素覆盖，.overlay 元素可能会显示在其他元素之上。运行过程中会发现鼠标滑过时，背景颜色会盖住按钮上的文字，这可能不是预期的效果。

为了避免这种情况，可以考虑添加更多的 css 属性，例如通过 z-index 来控制.overlay 元素的堆叠顺序，以确保它不会覆盖页面上的其他元素。

为了改变这一现象，给重叠盒子设置 z-index：-1；，按钮盒子设置 z-index：1；，至此，完成了预期目标。

任务 4　集成和使用 jQuery 插件

1 任务描述

引入并使用 jQuery 插件来增强网页功能，如数据合理验证。典型应用：在一个网站注册模块需要验证用户名、密码、电子信箱等。

2 理解任务

如图 5.15 所示表单主要由 input 文本框构成，注册表单在前端应完成完整性、合法性验证，验证成功后才能提交给后端数据库检测。本任务就是为了对注册信息进行完整性和合法性检测，如信息不能为空，电子邮箱必须具有 @ 符号，密码与确认密码一致等。jQuery 提供了验证插件，能够很便捷地完成上述任务。

3 技能储备

图 5.15 用户注册模块

1) 遍历

遍历是从一个节点开始，上下左右走完一遍所有的节点的过程。在 jQuery 中，遍历是从当前选择器开始，选择与之相关的选择器。遍历与 javascript dom 树是一个原理，如图 5.16 所示。

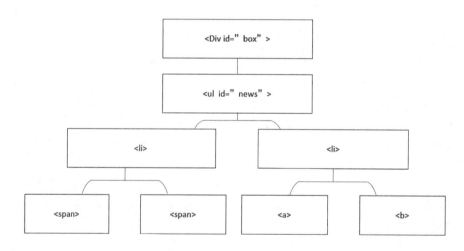

图 5.16 jQuery dom 树模型

<div>元素是<ul>的父元素，同时是其中所有内容的祖先。
<ul>元素是<li>元素的父元素，同时是<div>的子元素。
左边的<li>元素是<span>的父元素、<ul>的子元素，同时是<div>的后代。
<span>元素是<li>的子元素，同时是<ul>和<div>的后代。
两个<li>元素是同胞(拥有相同的父元素)。

(1) 向上遍历

① parent( )：遍历当前元素的直接父元素。

视频 5-7

```
<div class="container">
  <div class="child">Child div</div>
```

```
</div>

// jQuery
$(document).ready(function(){
    $(".child").parent().css("border", "2px solid red");
});
```

② parents()：当前元素向上所有父元素、祖先元素，直到 dom 树结束为止。

```
<!doctype html>
<html>
<head>
<meta charset="utf-8">
<title>无标题文档</title>
<script src="js/jquery-3.7.1.min.js"></script>
<script>
    $(document).ready(function(){
        $("p").parents().css("border","2px solid red");
    });
</script>
</head>

<body>
    <div>
    <P>小池</P>
        <P>宋 杨万里</P>
        <P>泉眼无声惜细流,</P>
        <P>树阴照水爱晴柔。</P>
        <P>小荷才露尖尖角,</P>
        <P>早有蜻蜓立上头。</P>
    </div>
</body>
</html>
```

上述 p 标签父元素为 div，上一级为 body，再上一级为 html，输出结果为三层红色边框。

③ parentsUntil()：当前元素向上直到符合条件位置区间内的所有父元素，不包含条件标签。

将上述 jQuery 代码改为：

```
<script src="js/jquery-3.7.1.min.js"></script>
<script>
    $(document).ready(function(){
        $("p").parentsUntil("body").css("border","2px solid red");
    });
</script>
```

代表<p>到<body>范围内的父元素，即 div 标签，表现为单个红色边框。

(2) 向下遍历

下面是两个用于向下遍历 dom 树的 jQuery 方法。

① children( )方法返回被选元素的所有直接子元素。
该方法只会向下一级对 dom 树进行遍历。

$ (document).ready(function(){ $ ("#news").children(); });

返回 id 为 news 的所有直接子元素。
children( )方法还可以添加筛选条件。

$ (document).ready(function(){ $ ("#news ").children("p.title"); });

返回 id 为 news 的所有 p 标签并且采用了 title 类样式的直接子元素。
② find( )方法返回被选元素的后代元素,向下直到最后一个后代。同样可以添加筛选条件。

$ (document).ready(function(){ $ ("#news ").find("span"); });

或者

$ (document).ready(function(){ $ ("#news ").find("* "); });

(3) 同级遍历
同胞元素是拥有相同父元素的标签元素,jQuery 对同胞元素的选取有多种方法。
siblings( ):返回被选元素的所有同胞元素。
next( ):返回被选元素的下一个同胞元素。该方法只返回一个元素。
nextAll( ):返回被选元素的所有跟随的同胞元素。
nextUntil( ):返回介于两个给定参数之间的所有跟随的同胞元素。
prev( ):返回被选元素的上一个同胞元素。该方法只返回一个元素。
prevAll( ):返回被选元素的所有前面的同胞元素。
prevUntil( ):返回介于两个给定参数之间的所有前面的同胞元素。
siblings( ):返回被选元素的所有同胞元素,具体如下:

$ (document).ready(function(){ $ ("li").siblings("span"); });

2) 插件(validate 插件)
jQuery validate 是一个流行的 jQuery 表单验证插件,可以实现客户端的表单验证功能。

视频 5-8

(1) 用法
本地化引入或引入 CDN 在线库文件:

```
<script src="js/jquery-3.7.1.min.js"></script>
  <script src="js/jquery.validate.min.js"></script>
  <script src="js/messages_zh.js"></script>
```

其中前两项为必需项,messages_zh.js 为中文插件。
(2) 属性和规则
jQuery Validate 插件提供了一系列的验证规则和选项,可以满足各种不同的验证需求。

一些常用的规则和选项如下：

required：必填字段。

minlength：最小长度。

maxlength：最大长度。

email：邮箱格式验证。

url：URL 格式验证。

equalTo：等于某个字段的值。

remote：异步验证。

messages：自定义验证提示信息。

在 jQuery 代码中引入 $("表单").validate() 方法验证。如：

```html
<!DOCTYPE html>
<html>
<head>
  <title>jQuery Validate Example</title>
  <script src="js/jquery-3.7.1.min.js"></script>
  <script src="js/jquery.validate.min.js"></script>
  <script src="js/messages_zh.js"></script>

  <script>
    $(document).ready(function() {
      $("#myForm").validate({
        rules: {
          username: {
            required: true,
            minlength: 3
          },
          email: {
            required: true,
            email: true
          }
        },
        messages: {
          username: {
            required: "请输入你的姓名",
            minlength: "姓名不低于 3 个字符"
          },
          email: {
            required: "请输入你的 email",
            email: "请输入一个合法的 email 地址。"
          }
        }
      });
    });
  </script>
</head>
```

```
<body>
  <form id = "myForm">
    <input type = "text" name = "username" placeholder = "Username">
    <input type = "text" name = "email" placeholder = "Email">
    <button type = "submit">Submit</button>
  </form>
</body>
</html>
```

在上面的例子中,我们在<head>部分引入了 jQuery 库和 jQuery Validate 插件的 JavaScript 文件。在<body>部分,我们创建了一个 id 为"myForm"的表单,并在其中定义了两个表单字段。

在 JavaScript 部分,我们通过调用 $("#myForm").validate()方法初始化了表单验证器,并配置了两个字段的验证规则和提示信息。

规则和提示信息分别写在 validate()内,常见规则属性如表 5.2 所示。

表 5.2　jquery validate()插件属性

序号	规则	描述
1	required:true	必须输入的字段
2	remote:"check.php"	使用 ajax 方法调用 check.php 验证输入值
3	email:true	必须输入正确格式的电子邮件
4	url:true	必须输入正确格式的网址
5	date:true	必须输入正确格式的日期
6	dateISO:true	必须输入正确格式的日期(ISO),例如:2009-06-23,1998/01/22。只验证格式,不验证有效性
7	number:true	必须输入合法的数字(负数,小数)
8	digits:true	必须输入整数
9	creditcard:	必须输入合法的信用卡号
10	equalTo:"#field"	输入值必须和#field 相同
11	accept:	输入拥有合法后缀名的字符串(上传文件的后缀)
12	maxlength:5	输入长度最多是 5 的字符串(汉字算一个字符)
13	minlength:10	输入长度最小是 10 的字符串(汉字算一个字符)
14	rangelength:[5,10]	输入长度必须介于 5 和 10 之间的字符串(汉字算一个字符)
15	range:[5,10]	输入值必须介于 5 和 10 之间
16	max:5	输入值不能大于 5
17	min:10	输入值不能小于 10

validate 插件采用以下默认方式对表单提交:

```
$.validator.setDefaults({
    submitHandler: function() {
        alert("提交事件!");
    }
});
```

也可以采用自定义方式提交。

```
$ ().ready(function() {
$ ("# myForm").validate({
        submitHandler:function(form){
            alert("提交事件!");
            form.submit();
        }
    });
});
```

debug 关键字只用于调试,不验证。

```
$ ().ready(function() {
$ ("# myForm").validate({
        debug:true
    });
});
```

4 任务实践

1) 任务规划与详细分析

效果图如图 5.17 所示。

图 5.17　注册模块

任务分析：

上述注册页面，除性别标签使用<select></select>外，其余都可以使用<input>标签，在 type 属性中选择不同类别。按钮和文本框添加了不同的样式，验证采用 validate 插件完成。

步骤1：新建 jqform.html 页面，添加前端元素。

```
<body>
  <form id="registrationForm">
    <h2>用户注册</h2>
    <input type="text" name="username" placeholder="姓名">
    <select name="gender">
      <option value="">性别</option>
      <option value="男">Male</option>
      <option value="女">Female</option>
    </select>
    <input type="date" name="dob" placeholder="出生日期">
    <input type="password" name="password" placeholder="密码">
    <input type="password" name="confirm_password" placeholder="再次输入密码">
    <input type="email" name="email" placeholder="电子邮箱">
    <input type="text" name="address" placeholder="通信地址">
    <button type="submit">注册</button>
    <button type="reset">重置</button>
  </form>
</body>
```

步骤2：在<head></head>标签内插入样式表。

```
<style>
  body {
    font-family: Arial, sans-serif;
    background-color: #f4f4f4;
    text-align: center;
  }
  form {
    width: 300px;
    margin: 20px auto;
    padding: 20px;
    background-color: #fff;
    border-radius: 5px;
    box-shadow: 0 0 10px rgba(0, 0, 0, 0.1);
  }
  input[type="text"],
  input[type="password"],
  input[type="date"],
  input[type="email"],
  select {
    width: 100%;
    padding: 10px;
    margin: 8px 0;
    display: inline-block;
```

```css
        border: 1px solid #ccc;
        border-radius: 4px;
        box-sizing: border-box;
    }
    button {
        background-color: #4CAF50;
        color: white;
        padding: 14px 20px;
        margin: 8px 0;
        border: none;
        border-radius: 4px;
        cursor: pointer;
        width: 100% ;
    }
    button:hover {
        background-color: #45a049;
    }
    .error {
        color: red;
        font-size: 12px;
        margin-top: 5px;
    }
    h2 {
        color: #333;
        margin-bottom: 20px;
    }
</style>
```

步骤 3：添加 jQuery 库文件及插件，在<head></head>标签内插入：

```html
<script src="js/jquery-3.7.1.min.js"></script>
  <script src="js/jquery.validate.min.js"></script>
  <script src="js/messages_zh.js"></script>
```

步骤 4：在步骤 3 代码外部编写 jQuery validate 插件验证信息。

```html
<script>
    $(document).ready(function() {
        $("#registrationForm").validate({
            rules: {
                username: {
                    required: true
                },
                gender: {
                    required: true
                },
                dob: {
                    required: true
                },
```

```
            password: {
                required: true,
                minlength: 6
            },
            confirm_password: {
                required: true,
                equalTo: "#password"
            },
            email: {
                required: true,
                email: true
            },
            address: {
                required: true
            }
        },
        messages: {
            username: "请输入用户名",
            gender: "请输入性别",
            dob: "请选择你的出生日期",
            password: {
                required: "请输入密码",
                minlength: "密码需要至少 6 个字符"
            },
            confirm_password: {
                required: "请再次输入密码",
                equalTo: "两次密码不一致"
            },
            email: {
                required: "请输入你的电子邮箱",
                email: "请输入一个合法的电子邮箱"
            },
            address: "请输入你的地址"
        },
        errorElement: "div",
        errorPlacement: function(error, element) {
            error.insertAfter(element);
        }
    });
});
</script>
```

项目六

服装商城网站前端设计

项目介绍:顶呱呱工厂店是顶呱呱彩棉服饰有限公司旗下一家销售型实体店,原址依托工厂,位于武进区湖塘镇古方路一号,又名"古方一号"。最初,店内商品均为企业自生产产品,目前,该工厂店以工厂自主产品为主,相继入驻一些其他品牌。服饰种类有POLO衫、长裙、衬衫、夹克、居家服饰、鞋子等,春夏秋冬四季服饰皆有。为推广需要,该公司已推出微信小程序"瓜瓜优品"。现代传媒注重组合式传播,本次项目以顶呱呱工厂店为主题,设计制作一套网站前端结构。

功能分析:该网站功能定位是产品宣传和推广,兼顾网上销售。与微信小程序组合,共同为消费者提供一个交流平台和购买渠道。网站应能够让消费者全面了解品牌店铺的信息,提供新品推荐、热卖品牌、产品筛选、快速查看、搜索产品等功能,此外还需要提供顾客反馈的渠道、相互评论的功能。

项目设计:

网站文件夹结构如图6.1所示。

视频6-1

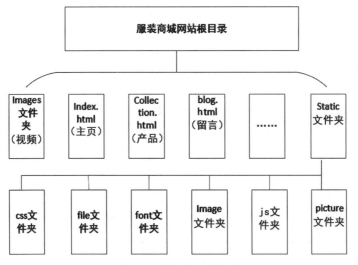

图6.1 网站文件夹结构

各文件夹包含的文件如表 6.1 所示。

表 6.1 网站文件列表

序号	文件夹	文件名	备注
1	根目录	images	
2		static	
3		Index.html	
4		Collection.html	
5		Product.html	
6		Contact.html	
7		About.html	
8		Blog.html	
9		Blog-detail.html	
10		refund-policy.html	
11		search.html	
12		shipping-policy.html	
13		Faq.html	
1	Static/css	style.css	
2		aos&fancybox.css	
3		header.css	
4		home.css	
5		footer.css	
6		collection.css	
7		product.css	
8		blog.css	
9		about.css	
10		contact.css	
11		cms.css	
12		cf.errors.css	
1	Static/js	jquery-3.7.1.min.js	
2		aos&fancybox.js	
3		script.js	
4		js.js	

技术选取：

从功能定位出发，该网站用于宣传、推广产品，确保消费者对工厂店有清晰的认识，能够快速地从多角度了解产品。同时,作为前端设计,在 Web 前端开发框架(初级)范畴内,选取 div+css 布局,通过使用 css3.0 动画、过渡效果给产品展示带来别样的体验。功能方面,借用 jQuery 及插件实现站点产品搜索、快速查看、产品筛选功能。尤其是引入 swiper 插件、aos 插件及 fancybox 插件,前者以做图片轮播效果见长,应用在产品预览中;后两者以过渡效果见长,可以实现图片效果依次渐变。选择上述技术紧密契合了 1+X 证书 Web 前端开发职业技能等级的初级标准。

任务 1　主页设计与制作

1 任务描述

该任务是设计顶呱呱工厂店网站主页,主页内容非常多,布局复杂,涉及的样式、脚本多,是一个综合任务,有 11 个板块。部分板块如图 6.2~图 6.5 所示。

图 6.2　主页菜单

图 6.3　主页品牌分类区

图 6.3

图 6.4　主页视频区

图 6.4

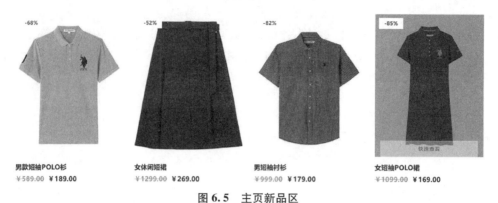

图 6.5 主页新品区

2 理解任务

主页设计是一个综合任务,涉及弹性布局、响应式样式、图文混排、定位、显示与隐藏以及插件的应用等,可以说是之前所有项目的集成。尤其是涉及多个样式、脚本、层级关系,应分块制作,分步调试,对于样式应分类保存,命名要见名知意。

3 任务实践

主页是一个网站最大的亮点,设计过程中应充分考虑其便捷性。主页功能分区与分支部分重叠,从主页应能够快速进入各商品详细界面或博客界面,功能分区图如图 6.6 所示。

悬停下拉菜单
banner 图片广告区
品牌分类区
产品图册
视频区
经典收藏区
单品展示区
新品展示区
客户评价区
博客区
页脚订阅、快捷链接、版权区

图 6.6 主页功能分区

1) 菜单区制作

菜单区布局见图 6.7。

视频 6-2

图 6.7　主页菜单

点击搜索按钮弹出文本框(见图 6.8)。

图 6.8　主页搜索表单

(1) 菜单区设计思路

菜单层级结构见图 6.9。

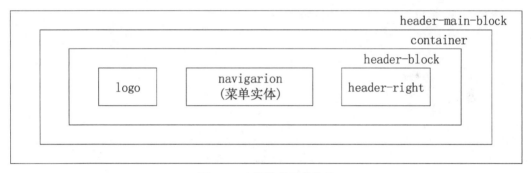

图 6.9　主页菜单层级结构

header-main-block 样式定义菜单定位为 sticky,container 样式定义通常状况下宽度为 1 350 px,header-block 样式采用 flex 弹性盒子布局,不分列,使得多个 div 并排排列,navigarion(菜单实体)采用<ul>标签,并在其内部继续采用 flex 弹性盒子布局,使得各<li>条目横向均匀排列。添加下拉菜单区域,默认不显示,鼠标滑过显示。header-right 标签内也采用 flex 弹性盒子布局。其中 container 样式写在 style.css 中,其余写在 header.css 中。

(2) 菜单区制作

步骤 1:准备工作阶段先创建 style.css,该样式是基础配置,定义常规字体、间距等信息。

步骤 2:新建 index.html,创建外部 css、js 文件并链接入本文档。

```
<! DOCTYPE html>
<html lang="en">
<head>
    <meta charset="UTF-8">
```

```html
        <meta name="viewport" content="width=device-width, initial-scale=1">
        <title>古方一号 - 顶呱呱品牌服装工厂店</title>
        <!-- Style file link -->
        <link rel="stylesheet" href="static/css/swiper-bundle.min.css">
        <link rel="stylesheet" href="static/css/aos&fancybox.css">
        <link rel="stylesheet" href="static/css/style.css">
        <link rel="stylesheet" href="static/css/header.css">
        <link rel="stylesheet" href="static/css/footer.css">
        <link rel="stylesheet" href="static/css/home.css">
        <link rel="stylesheet" href="static/css/blog.css">
        <link rel="stylesheet" href="static/css/product.css">
        <!-- JS file link -->
        <script src="static/js/jquery-3.7.1.min.js"></script>
        <script src="static/js/swiper-bundle.min.js"></script>
        <script src="static/js/aos&fancybox.js"></script>
        <script src="static/js/script.js"></script>
</head>
<body class="home">
</body>
</html>
```

步骤3：在<body></body>主体区添加菜单标签元素。

```html
<div class="header-main-block">
<div class="container">
  <div class="header-block">
    <div class="header-inner d-flex justify-space-between align-center">
     <div class="logo">
        <a href=""><img loading="lazy" src="static/picture/ding.png" alt=""></a>    </div>
     <div class="navigarion">
     <ul class="tree d-flex justify-space-between default-ul">
     <li class="has-megamenu">
        <a href="collection.html" class="link-effect">商城</a>
        <ul class="megamenu">
         <li class="megamenu-inner d-flex">
        <div class="megamenu-column">
        <div class="megamenu-column-inner">
        <h5><a class="link-effect" href="collection.html">上装</a></h5>
        <ul class="default-ul">
         <li><a class="link-effect" href="collection.html">衬衫</a></li>
         <li><a class="link-effect" href="collection.html">Polo 衫</a></li>
         <li><a class="link-effect" href="collection.html">连衣裙</a></li>
        </ul>
        </div>
        <div class="megamenu-column-inner">
        <h5><a class="link-effect" href="collection.html">鞋类</a></h5>
        <ul class="default-ul">
         <li><a class="link-effect" href="collection.html">鞋子</a></li>
```

```html
        <li><a class="link-effect" href="collection.html">便鞋</a></li>
        <li><a class="link-effect" href="collection.html">平跟鞋</a></li>
      </ul>
    </div>
  </div>
  <div class="megamenu-column">
    <div class="megamenu-column-inner">
      <h5><a class="link-effect" href="#">下装</a></h5>
      <ul class="default-ul">
        <li><a class="link-effect" href="collection.html">牛仔裤</a></li>
        <li><a class="link-effect" href="collection.html">裤子</a></li>
      </ul>
    </div>
    <div class="megamenu-column-inner">
      <h5><a class="link-effect" href="collection.html">配饰</a></h5>
      <ul class="default-ul">
        <li><a class="link-effect" href="collection.html">手表</a></li>
        <li><a class="link-effect" href="collection.html">帽子</a></li>
        <li><a class="link-effect" href="collection.html">内衣</a></li>
      </ul>
    </div>
  </div>
  <div class="megamenu-column">
    <div class="megamenu-column-inner">
      <h5><a class="link-effect" href="collection.html">分类</a></h5>
      <ul class="default-ul">
        <li><a class="link-effect" href="collection.html">男装</a></li>
        <li><a class="link-effect" href="collection.html">女装</a></li>
        <li><a class="link-effect" href="collection.html">童装</a></li>
      </ul>
    </div>
    <div class="megamenu-column-inner">
      <h5><a class="link-effect" href="collection.html">冬装</a></h5>
      <ul class="default-ul">
        <li><a class="link-effect" href="collection.html">羽绒服</a></li>
        <li><a class="link-effect" href="collection.html">夹克衫</a></li>
      </ul>
    </div>
    <div class="megamenu-column-inner">
      <h5><a class="link-effect" href="collection.html">夏装</a></h5>
      <ul class="default-ul">
        <li><a class="link-effect" href="collection.html">长裙</a></li>
        <li><a class="link-effect" href="collection.html">泳装</a></li>
        <li><a class="link-effect" href="collection.html">家居服</a></li>
      </ul>
    </div>
  </div>
  <div class="megamenu-column">
```

```html
<div class = "promo-category text-center">
<div class = "promo-img">
<a href = "collection.html">
<img src = "static/picture/megamenu-img1.jpg" alt = "">
</a>
</div>
<a href = "collection.html" class = "link-effect">绣花 Polo 衫</a>
</div>
</div>
<div class = "megamenu-column">
<div class = "promo-category text-center">
<div class = "promo-img">
<a href = "collection.html">
<img src = "static/picture/megamenu-img2.jpg" alt = "">
</a>
</div>
<a href = "collection.html" class = "link-effect">女 Polo 裙</a>
</div>
</div>
<div class = "megamenu-column">
<div class = "promo-category text-center">
<div class = "promo-img">
<a href = "collection.html">
<img src = "static/picture/megamenu-img3.jpg" alt = "">
</a>
</div>
<a href = "collection.html" class = "link-effect">男 Polo 衫</a>
</div>
</div>
</li>
</ul>
</li>
<li class = "has-dropdown">
<a href = "" class = "link-effect">合作品牌</a>
<ul class = "dropdown default-ul">
<li><a href = "">US Polo Assian</a></li>
<li><a href = "">LEVIS</a></li>
<li><a href = "">红豆</a></li>
<li><a href = "">梦燕</a></li>
<li><a href = "">波司登</a></li>
</ul>
</li>
  <li><a href = "about.html" class = "link-effect">关于我们</a></li>
  <li><a href = "blog.html" class = "link-effect">客户评价</a></li>
  <li><a href = "faq.html" class = "link-effect">反馈</a></li>
  <li><a href = "contact.html" class = "link-effect">联系我们</a></li>
  </ul>
```

```html
        </div>
        <div class="header-right d-flex align-center">
        <div class="flag-block d-flex align-center">
        <span class="country-flag d-flex"><img loading="lazy" src="static/picture/cn.png" alt=""></span>
        <select class="select-flag" name="select-flag" id="select-flag">
        <option value="RMB">RMB ¥ </option>
        </select>
        </div>
        <ul class="default-ul d-flex">
        <li>
        <a href="javascript:void(0)" class="search-icon">
        <img class="icon-tick" src="static/picture/icon-search.png">
        </a>
        </li>
        <li>
        <a href="">
        <img class="icon-tick" src="static/picture/icon-user.png">
        </a>
        </li>
        <li>
        <a href="">
<img class="icon-tick" src="static/picture/icon-basket.png">
        </a>
        </li>
        <li class="mobile-icon">
        <a href="javascript:void(0)" class="hemburg-menu"><span></span></a>
        </li>
        </ul>
        </div>
        </div>
        <div class="header-search-box ">
        <form action="#" method="get">
        <div class="header-form-group d-flex flex-wrap justify-center align-center">
        <div class="search-field d-flex">
        <input type="text" class="search-box" placeholder="Search our store" required="">
        <button type="submit"></button>
        </div>
        <button type="button" class="close-search">×</button>
        </div>
        </form>
        </div>
        <div class="mobile-nav-block"></div>
        </div>
        </div>
        </div>
```

步骤 4：在 header.css 中添加样式，具体代码可扫描下面的二维码获得。

2）菜单制作区步骤 4 代码

步骤 5：在 header.css 中添加菜单区响应式样式。

```css
@media screen and (max-width: 1365px) {
    .header-block {
        padding: 12px 20px;
        margin-top: 12px;
    }
    .header-block .navigarion ul {
        column-gap: 20px;
    }
    .header-right ul, .header-right {
        column-gap: 20px;
    }
}
@media screen and (max-width: 1200px) {
    .header-block .navigarion ul.tree {
        column-gap: 15px;
        padding: 0 12px;
    }
}
@media screen and (max-width: 1023px) {
    .header-right .flag-block {
        display: none;
    }
    .mobile-icon {
        display: flex;
        align-items: center;
    }
    .header-block .navigarion {
        position: absolute;
        top: 100% ;
        left: 0;
        right: 0;
        background: var(--white-color);
        padding: 10px 20px;
        max-height: 350px;
        overflow: auto;
        opacity: 0;
        visibility: hidden;
        transition: all ease-in 0.25s;
        z-index: 9999;
```

```css
}
.header-block .navigarion ul {
    gap: 0;
    flex-direction: column;
}
.header-block .navigarion ul li {
    padding: 8px 0px;
    padding-right: 12px;
    position: relative;
}
.header-block .navigarion ul li.has-dropdown .dropdown {
    position: static;
    background: transparent;
    min-width: inherit;
    padding: 10px 0;
    box-shadow: none;
    opacity: 1;
    visibility: visible;
}
.header-block .navigarion .has-dropdown > ul {
    padding: 10px 0;
}
.header-block .navigarion .has-dropdown > ul li {
    padding: 0;
    margin-bottom: 4px;
}
.header-block .navigarion .has-dropdown > ul li a {
    text-transform: none;
}
.header-block .navigarion ul.megamenu {
    position: static;
    visibility: visible;
    opacity: 1;
    padding: 18px 0;
    padding-top: 24px;
    display: none;
    margin-bottom: 0;
}
.header-block .navigarion .megamenu-column {
    width: 100% ;
    margin-top: 12px;
}
.header-block .navigarion .megamenu-column:first-child {
    margin-top: 0;
}
.header-block .navigarion .megamenu-column .promo-img {
    margin: 0 0 8px;
}
```

```css
.header-block .navigarion .megamenu-inner {
    flex-direction: column;
}
.header-block .navigarion ul li.has-dropdown,
.header-block .navigarion ul li.has-megamenu {
    background-position: right top 14px;
}
body.navigation-open {
    overflow: hidden;
}
.navigation-open .header-block .navigarion {
    opacity: 1;
    visibility: visible;
}
.hemburg-menu {
    display: flex;
    align-items: center;
}
.header-block .navigarion .hitarea {
    position: absolute;
    top: 0;
    right: 0;
    height: 36px;
    width: 36px;
    background-image:url("../picture/navi.png");
    background-position: center right 4px;
    background-repeat: no-repeat;
    transition: transform ease-in 0.3s;
}
.header-block .navigarion ul li.has-dropdown,
.header-block .navigarion ul li.has-megamenu {
    background: transparent;
}
.header-block .navigarion ul li.has-dropdown.collapsable .hitarea,
.header-block .navigarion ul li.has-megamenu.collapsable .hitarea {
    transform: scaleY(-1);
}
.main-content {
    position: relative;
}
.main-content::after {
    content: '';
    background: rgba(0, 0, 0, 0.5);
    position: absolute;
    top: 36px;
    bottom: 0;
    left: 0;
    right: 0;
```

```
            display: none;
        }
        .navigation-open .main-content::after {
            display: block;
        }
        .megamenu-column-inner:not(:first-child) {
            margin-top: 12px;
        }
    }
    @media screen and (max-width: 767px) {
        .header-right ul, .header-right {
            column-gap: 12px;
        }
        .search-field {
            max-width: 300px;
        }
        .header-block {
            padding: 12px 14px;
        }
    }
```

添加响应式样式以后,浏览器宽度缩小,效果如图 6.10 所示。

图 6.10 主页响应式菜单

单击右侧按钮☰,呈现菜单,再次单击关闭菜单(图 6.11)。

图 6.11 主页响应式菜单

步骤 6:添加 jQuery 脚本,实现上述按钮,单击效果以及搜索条显示与隐藏效果,将如下代码写入 script.js 文件中:

```
$(document).ready(function($) {
  /*** Search Popup JS ***/
  $('.search-icon').click(function(){
    $('body').addClass('search-open');
```

```
        });
        $('.close-search').click(function(){
            $('body').removeClass('search-open');
        });
        /*** Mobile Menu JS *** /
        $('.mobile-icon a').click(function(){
            $('body').toggleClass('navigation-open');
        });
    }
```

2) banner 图片广告区制作

banner 图片广告区用于显示服装商城实景图,满屏显示,图片上方叠放广告语。示意图如图 6.12 所示。

视频 6-3

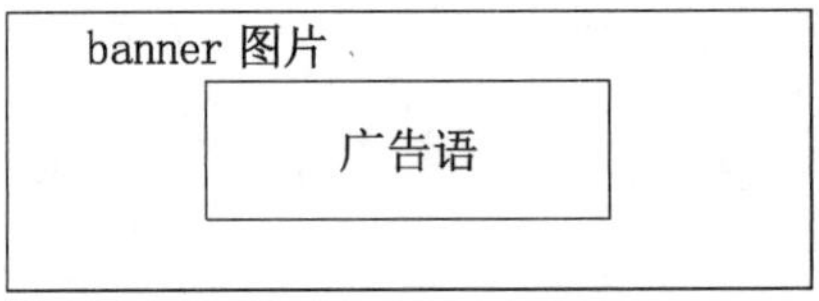

图 6.12　主页 banner 区布局示意图

从上图可知,该图片占据宽度为 100%,广告语居中叠加。由 position 属性可知,relative 相对自身定位,absolute 相对父元素定位。为此,可以将上述外框相对定位、内框绝对定位。其他细节边距稍作调整。

步骤 1：接上一节</div>下方继续添加前端元素。

```
<! -- Banner Section -->
<div class = "banner-section">
    <div class = "banner-img">
        <img loading = "lazy" src = "static/picture/banner-updated.jpg" alt = "">
    </div>
    <div class = "banner-content text-center">
        <div class = "container">
            <div class = "banner-content-inner" data-aos = "fade-up">
                <h1>找到您的完美造型</h1>
                <span class = "mb60">通过我们精心策划的系列</span>
                <a href = "#perfectLook" class = "button white">现在购买</a>
            </div>
        </div>
    </div>
</div>
<! -- Banner Section END -->
```

步骤 2：在 home.css 中添加样式。

```
/*** Banner Section *** /
.banner-section {
    position: relative;
```

```css
        height: calc(100vh - 48px);
}
.banner-content {
        position: absolute;
        top: 50%;
        transform: translateY(-50%);
        left: 0;
        right: 0;
}
.banner-img {
        height: 100%;
}
.banner-section .banner-img img {
        width: 100%;
        height: 100%;
        object-fit: cover;
        object-position: 35% 7%;
}
.banner-content h1,
.banner-content span {
        color: #fff;
}
.banner-content h1 {
        margin-bottom: 8px;
}
.banner-content span {
        display: block;
        font-size: 18px;
        font-weight: 800;
        line-height: 24px;
        letter-spacing: 6.48px;
        text-transform: uppercase;
}
/*** Banner Section END ***/
```

步骤3：添加 js 脚本。

由于步骤 1 的前端元素使用了 <div class="banner-content-inner" data-aos="fade-up"></div>，data-aos 是"Animate On Scroll"库的一个属性，用于在页面滚动时触发动画效果。使用该效果分三步，首先引用 aos.css、aos.js 到本文档，本文档已经将上述文件本地化引用。其次，在 JavaScript 脚本文件中初始化：

在 script.js 开头添加：

```javascript
$(document).ready(function($) {
    /*** AOS JS ***/
    if ($(window).width() > 768) {
        AOS.init();
```

```
}
...其他 js 代码
}
```

最后使用 data-aos = "fade-up" 属性,当页面滚动到这个 div 元素时,它会触发 fade-up 动画效果。

3) 商城品牌分类区制作

该分类区不是对所有的服装产品细分,是大类分区,采用简明图标快速链接到服装产品专有页面,如图 6.13 所示。

图 6.13 主页品牌分类区

该区域包括上下两部分,上部分是标题语(限于篇幅,未截图),下部分是图标快捷链接。从图上可知,各元素横向均分,采用 flex 弹性布局。

步骤 1:接上节</div>后添加页面元素。

```
<!-- Brand Listing Section -->
    <div class = "brand-listing-section bg-cream ptb54 mb50">
      <div class = "container">
        <div class = "brands-inner text-center">
          <div class = "section-title" data-aos = "fade-up">
            <h2>6000+商品供挑选<br>长裙, 夹克, polo 衫, 鞋包 还有更多...</h2>
          </div>
          <ul class = "default-ul d-flex justify-center">
            <li data-aos = "fade-up" data-aos-delay = "200">
              <div class = "brand-icon d-flex align-center justify-center">
                <a href = "collection.html">
                  <img loading = "lazy" src = "static/picture/brand-1.png" alt = "">
                </a>
              </div>
              <div class = "brand-title">
                <h6><a href = "collection.html">长裙</a></h6>
              </div>
            </li>
            <li data-aos = "fade-up" data-aos-delay = "400">
              <div class = "brand-icon d-flex align-center justify-center">
                <a href = "collection.html">
                  <img loading = "lazy" src = "static/picture/brand-2.png" alt = "">
```

```html
        </a>
    </div>
    <div class="brand-title">
        <h6><a href="collection.html">夹克衫</a></h6>
    </div>
</li>
<li data-aos="fade-up" data-aos-delay="600">
    <div class="brand-icon d-flex align-center justify-center">
        <a href="collection.html">
            <img loading="lazy" src="static/picture/brand-3.png" alt="">
        </a>
    </div>
    <div class="brand-title">
        <h6><a href="collection.html">polo 衫</a></h6>
    </div>
</li>
<li data-aos="fade-up" data-aos-delay="800">
    <div class="brand-icon d-flex align-center justify-center">
        <a href="collection.html">
            <img loading="lazy" src="static/picture/brand-4.png" alt="">
        </a>
    </div>
    <div class="brand-title">
        <h6><a href="collection.html">鞋包</a></h6>
    </div>
</li>
<li data-aos="fade-up" data-aos-delay="1000">
    <div class="brand-icon d-flex align-center justify-center">
        <a href="collection.html">
            <img loading="lazy" src="static/picture/brand-5.png" alt="">
        </a>
    </div>
    <div class="brand-title">
        <h6><a href="collection.html">更多</a></h6>
    </div>
</li>
            </ul>
        </div>
    </div>
</div>
```

步骤 2：在 home.css 文件中添加本节样式。

```css
.brands-inner ul {
    column-gap: 64px;
}
```

```
.brand-icon {
    height: 120px;
    width: 120px;
    background: #fff;
    border-radius: 50% ;
    margin-bottom: 12px;
}
.brand-title h6 {
    font-family: var(--body-font);
    letter-spacing: 0.28px;
    text-transform: uppercase;
    margin: 0;
}
注：上述所需的 bg-cream ptb54 mb50 等共用样式写在 style.css 中
.bg-cream {
    background-color:#F6F1EF;
}
.ptb54 {
    padding-top: 54px;
    padding-bottom: 54px;
}
.mb50 {
    margin-bottom: 50px;
}
```

本节中<li data-aos = " fade-up " data-aos-delay = " 1000 " >如前文所述采用了动画显示效果，增加了 data-aos-delay = " 1000 "，该值设置了动画显示效果的延迟执行时间。上述 5 个图标分别延迟 200 毫秒，网页浏览时会产生延迟的幻灯片效果。

4）产品图册制作

产品图册是商城各产品在主页的快捷展示，如图 6.14 所示。

图 6.14　主页产品图册区

css 层级结构如图 6.15 所示。

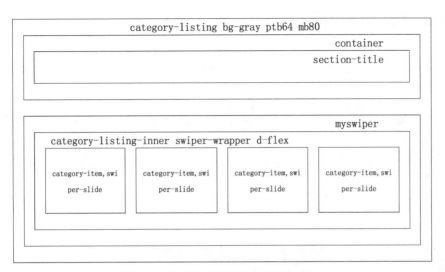

视频 6-4

图 6.15　主页产品图册区设计层级结构图

视频 6-5

步骤 1：接上节，添加页面元素。

```html
<div class="category-listing bg-gray ptb64 mb80">
<div class="container">
<div class="section-title title2 text-center">
<h2>产品图册</h2>
</div>
</div>
<div class=" mySwiper">
<div class="category-listing-inner swiper-wrapper d-flex">
<div class="category-item swiper-slide" data-aos="fade-up">
<div class="category-item-inner">
<div class="category-image">
<a href="collection.html">
<img loading="lazy" src="static/picture/cat-img.png" alt="">
</a>
</div>
<div class="category-title">
<h6><a href="collection.html">纯棉卡通图案短袖衫</a></h6>
</div>
</div>
</div>
<div class="category-item swiper-slide" data-aos="fade-up">
<div class="category-item-inner">
<div class="category-image">
<a href="collection.html">
<img loading="lazy" src="static/picture/cat-img3.png" alt="">
</a>
</div>
```

```html
<div class="category-title">
<h6><a href="collection.html">桑蚕丝 polo 衫</a></h6>
</div>
</div>
</div>
<div class="category-item swiper-slide" data-aos="fade-up">
<div class="category-item-inner">
<div class="category-image">
<a href="collection.html">
<img loading="lazy" src="static/picture/cat-img4.png" alt="">
</a>
</div>
<div class="category-title">
<h6><a href="collection.html">女士睡裙</a></h6>
</div>
</div>
</div>
<div class="category-item swiper-slide" data-aos="fade-up">
<div class="category-item-inner">
<div class="category-image">
<a href="collection.html">
<img loading="lazy" src="static/picture/cat-img2.png" alt="">
</a>
</div>
<div class="category-title">
<h6><a href="collection.html">男士夹克</a></h6>
</div>
</div>
</div>
</div>
</div>
</div>
```

步骤 2：在 home.css 中添加样式。

```css
.category-item-inner {
    background: #fff;
    height: 100% ;
    padding: 14px;
}
.category-listing {
    overflow: hidden;
}
.category-listing .mySwiper {
    margin-left: 50% ;
    transform: translateX(-674px);
```

```css
    width: 100%;
    overflow: hidden;
    padding-left: 20px;
    margin-bottom: 0px;
    box-sizing: border-box;
}
.category-listing .category-item {
    width: 304px;
    text-align: center;
}
.category-listing .category-title h6 {
    margin: 0;
}
.category-listing .category-title h6 a {
    font-size: 18px;
    font-weight: 700;
    line-height: 24px;
    letter-spacing: 0.36px;
    text-transform: uppercase;
    color: #1A1A1A;
}
.category-listing .category-title h6 a:hover {
    color: var(--primary-color);
}
.category-listing .category-image {
    padding: 10px;
    height: 285px;
    display: flex;
    align-items: center;
    justify-content: center;
}
```

步骤 3：在 style.css 中写入常规样式。

```css
.bg-gray {
    background-color: #D3DCE4;
}
.ptb64 {
    padding-top: 64px;
    padding-bottom: 64px;
}
.mb80 {
    margin-bottom: 80px;
}
.section-title {
    margin-bottom: 32px;
```

```css
}
.section-title h2 {
    padding-bottom: 40px;
    position: relative;
}
.section-title.title2 h2 {
    padding-bottom: 20px;
    margin-bottom: 48px;
}
.section-title h2:after {
    content: '';
    width: 192px;
    height: 8px;
    background: #13D0C8;
    position: absolute;
    bottom: 0;
    left: 50% ;
    transform: translateX(-50% );
}
```

简要说明:. section-title h2 采用 position：relative 定位，. section-title h2：after 采用 position：absolute 定位,该样式是伪元素,用于在选中的元素内容之后插入生成的内容。它通常用于添加装饰性的元素或内容,而不需要在 html 中实际添加额外的标签。

content：'';,定义生成的内容为空字符串,这意味着插入的元素不会有任何文本内容。

width：192px;,设置生成的元素的宽度为 192 像素。

height：8px;,设置生成的元素的高度为 8 像素。

background：#13D0C8;,设置生成的元素的背景颜色为#13D0C8。

position：absolute;,将生成的元素的定位方式设置为绝对定位,这意味着它将相对于最近的非 static 定位的祖先元素进行定位。

bottom：0;,将生成的元素的底部边缘与父元素的底部边缘对齐。

left：50%;,将生成的元素的左侧边缘与父元素的水平中心对齐。

transform：translateX(-50%);,通过水平平移生成的元素,向左移动自身宽度的一半,使其中心与父元素的水平中心对齐。

总结:这段代码的作用是在每个类名为. section-title 的元素内的<h2>元素内容之后插入一个宽度为 192 px、高度为 8 px、背景颜色为#13D0C8 的矩形,并将其水平居中对齐在<h2>元素的底部。

5）视频区制作

该区域用于显示简短的产品视频,提供产品介绍,设置链接,方便用户直接跳转到产品详情页面(图 6.16)。

css 样式层级图见图 6.17。

制作分析:该区域仍然采用 div 嵌套,内部分为上下两部分,两部分布局基本相同。上半部分多添加了 mb130,代表 margin-bottom：130px;内部采用 flex 弹性盒子布局,从而实现内部块级元素的横向纵向对齐。此外还要添加悬浮图片,可以使用 position 定位实现。

图 6.16　主页视频区

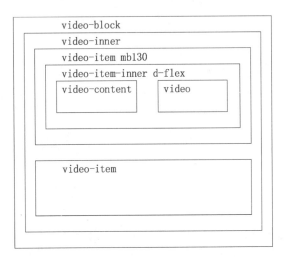

图 6.17　主页视频区设计层级结构图

步骤 1：接上节，添加前端元素。

```html
<div class = "video-block">
    <div class = "video-inner">
        <div class = "video-item mb130">
            <div class = "video-item-inner d-flex">
                <div class = "video-content" data-aos = "fade-up">
                    <div class = "video-content-inner">
                        <h5>女款短袖 polo</h5>
                        <p>该款产品含棉 96.4% 氨纶 3.6% .吸汗透气,黑色、白色、藏青、黄色、品色、深蓝、浅蓝、红色、多款色系可选。M—XXL 多种型号,该系列袖口宽松、腰身紧致,极具收身效果...</p>
                        <a href = "collection.html" class = "button">了解更多</a>
                    </div>
                </div>
                <div class = "video" data-aos = "fade-up">
                    <div class = "custom-video-main">
                        <video class = "custom-video" playsinline = "playsinline" poster = "images/video-poster1.jpg" muted = "muted" loop = "loop" preload = "metadata">
                            <source src = "images/video1.mp4" type = "video/mp4">
                        </video>
                        <div class = "play-icon object-fit">
                            <img src = "static/picture/video-play-icon.png" alt = "">
                        </div>
                    </div>
                    <div class = "over-img">
                        <img src = "static/picture/video-thumb1.jpg" alt = "">
                    </div>
                </div>
            </div>
        </div>
        <div class = "video-item">
            <div class = "video-item-inner d-flex">
                <div class = "video" data-aos = "fade-up">
                    <div class = "custom-video-main">
                        <img loading = "lazy" src = "static/picture/video-img2.jpg" alt = "">
                    </div>
                    <div class = "over-img">
                        <img loading = "lazy" src = "static/picture/video-thumb2.jpg" alt = "">
                    </div>
                </div>
                <div class = "video-content" data-aos = "fade-up">
                    <div class = "video-content-inner">
                        <h5>刺绣短袖 Polo</h5>
                        <p>100% 棉,Xs-2XL 尺码,七色选择/春夏流行色系,刺绣图案,以高饱和色彩赢得存在感。别出心裁的大标设计提升整体层次美感。将古典的风范带入设计,简单、时尚、易于搭配...</p>
                        <a href = "collection.html" class = "button">了解更多</a>
                    </div>
```

```
            </div>
        </div>
    </div>
</div>
```

步骤 2：在 home.css 文件添加：

```css
.video-block {
    margin-bottom: 160px;
}
.video-inner {
    max-width: 1118px;
    margin: 0 auto;
    padding: 0 15px;
}
.video-item .video video {
    width: 100% ;
}
.over-img {
    position: absolute;
    height: 292px;
    width: 224px;
    border: 6px solid #fff;
    display: flex;
    left: -115px;
    bottom: -35px;
}
.over-img img {
    height: 100% ;
    width: 100% ;
    object-fit: cover;
}
.video-item .video {
    width: 600px;
    display: flex;
    position: relative;
}
.video-item .custom-video-main {
    height: 360px;
    width: 100% ;
}
.video-item .video-content {
    width: calc(100% - 600px);
    display: flex;
    align-items: center;
}
```

```css
.video-item:nth-child(2n) .video-content {
    justify-content: flex-end;
}
.video-item:nth-child(2n) .over-img {
    right: -112px;
    left: inherit;
}
.video-item .video-content h5 {
    font-size: 18px;
    line-height: 24px;
    letter-spacing: 0.36px;
    margin-bottom: 8px;
    text-transform: capitalize;
}
.video-item .video-content-inner {
    max-width: 315px;
    padding-right: 20px;
}
.video-item .video-content p {
    letter-spacing: 0.28px;
    line-height: 20px;
    color: var(--dark-blue);
    display: -webkit-box;
    -webkit-line-clamp: 4;
    -webkit-box-orient: vertical;
    overflow: hidden;
}
.video-item .custom-video-main > img,
.video-item .custom-video-main > video {
    width: 100%;
    height: 100%;
    object-fit: cover;
}
.video-item .custom-video-main > video {
    cursor: pointer;
}
```

步骤 3：在 script.js 文件中写入：

```js
/*** Video Play / Pause JS *** /
    $ ('.custom-video').click(function() {
        console.log('clicked')
        this.paused ? this.play() : this.pause();
        $ (this).toggleClass('active');
    });
```

6）经典收藏区制作

该区域收藏了该网站的经典服饰和热卖款式，并提供快速查看功能，如图 6.18 所示。

经典收藏

图 6.18　主页经典收藏区

视频 6-6

分析：从图上可知，经典收藏作为标题，下方显示装饰条，该功能采用伪元素实现，与上节相同。内容横向分布 4 幅服饰图片，采用 flex 弹性盒子布局，每个图片区内部采用多个 div 标签纵向显示，图片上方"-25%"采用 label 标签和 position 定位实现。下方单选按钮采用按钮与图或按钮与 label 关联，设置图或 label 样式，从而改变单选按钮的外观。

div 关系层级图如图 6.19 所示。

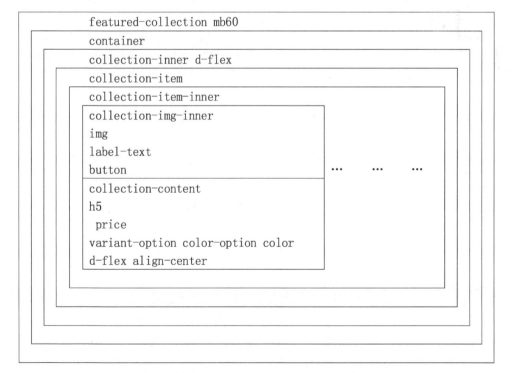

图 6.19　主页经典收藏区设计层级结构

步骤 1：接上节添加页面前端元素。

```html
<div class="featured-collection mb60">
<div class="container">
<div class="section-title title2 text-center" data-aos="fade-up">
<h2>经典收藏</h2>
</div>
<div class="collection-inner d-flex">
<div class="collection-item" data-aos="fade-up" data-aos-delay="200">
<div class="collection-item-inner">
<div class="collection-img">
<div class="collection-img-inner">
<a href="collection.html">
<img loading="lazy" src="static/picture/collection1.jpg" alt="">
</a>
</div>
<span class="label-text">-25%</span>
<a href="javascript:void(0)" class="button white">快速查看</a>
</div>
<div class="collection-content">
<h5><a href="product.html">100% 棉短袖 T 恤</a></h5>
<div class="price">
<span class="strike">￥129.00</span>
<span>￥99.00 RMB</span>
</div>
<div class="variant-option color d-flex align-center">
<div class="field-main d-flex">
<div class="field">
<input class="myradio__input" type="radio" id="product_color1" name="color" value="product_color1">
<label class="myradio__label" for="product_color1"><img src="static/picture/product-variant-1.png" alt=""></label>
</div>
<div class="field">
<input class="myradio__input" type="radio" id="product_color2" name="color" value="product_color2">
<label class="myradio__label" for="product_color2"><img src="static/picture/product-variant-2.png" alt=""></label>
</div>
<div class="field">
<input class="myradio__input" type="radio" id="product_color3" name="color" value="product_color3">
<label class="myradio__label" for="product_color3"><img src="static/picture/product-variant-1.png" alt=""></label>
</div>
<div class="field">
<input class="myradio__input" type="radio" id="product_color4" name="color" value="product_color4">
<label class="myradio__label" for="product_color4"><img src="static/picture/product-variant-2.png" alt=""></label>
</div>
</div>
</div>
```

```html
        </div>
      </div>
    </div>
    <div class="collection-item" data-aos="fade-up" data-aos-delay="400">
      <div class="collection-item-inner">
        <div class="collection-img">
          <div class="collection-img-inner">
            <a href="collection.html">
              <img loading="lazy" src="static/picture/collection2.jpg" alt="">
            </a>
          </div>
          <span class="label-text">-25%</span>
          <a href="javascript:void(0)" class="button white">快速查看</a>
        </div>
        <div class="collection-content">
          <h5><a href="product.html">女士花格衬衫</a></h5>
          <div class="price">
            <span class="strike">￥129.00</span>
            <span>￥99.00 RMB</span>
          </div>
          <div class="variant-option color-option color d-flex align-center">
            <div class="field-main d-flex">
              <div class="field">
                <input class="myradio__input" type="radio" id="product_color5" name="color" value="product_color5">
                <label class="myradio__label" for="product_color5"><spanclass="change black"></span></label>
              </div>
              <div class="field">
                <input class="myradio__input" type="radio" id="product_color6" name="color" value="product_color6">
                <label class="myradio__label" for="product_color6"><span class="changebrown"><span></span></span></label>
              </div>
              <div class="field">
                <input class="myradio__input" type="radio" id="product_color7" name="color" value="product_color7">
                <label class="myradio__label" for="product_color7"><span class="change blue"><span></span></span></label>
              </div>
            </div>
          </div>
        </div>
      </div>
    </div>
    <div class="collection-item" data-aos="fade-up" data-aos-delay="600">
      <div class="collection-item-inner">
        <div class="collection-img">
          <div class="collection-img-inner">
            <a href="collection.html">
              <img loading="lazy" src="static/picture/collection3.jpg" alt="">
            </a>
```

```html
</div>
<span class = "label-text">-25% </span>
<a href = "javascript:void(0)" class = "button white">快速查看</a>
</div>
<div class = "collection-content">
<h5><a href = "product.html">男士 T 恤</a></h5>
<div class = "price">
<span class = "strike">￥129.00</span>
<span>￥99.00 RMB</span>
</div>
</div>
</div>
</div>
<div class = "collection-item" data-aos = "fade-up" data-aos-delay = "800">
<div class = "collection-item-inner">
<div class = "collection-img">
<div class = "collection-img-inner">
<a href = "collection.html">
<img loading = "lazy" src = "static/picture/collection4.jpg" alt = "">
</a>
</div>
<span class = "label-text">-25% </span>
<a href = "javascript:void(0)" class = "button white">快速查看</a>
</div>
<div class = "collection-content">
<h5><a href = "product.html">防晒衣</a></h5>
<div class = "price">
<span class = "strike">￥129.00</span>
<span>￥99.00RMB</span>
</div>
</div>
</div>
</div>
</div>
</div>
</div>
```

说明：上述单选按钮采用图像或颜色代替的实现

```html
<div class = "field">
<input class = "myradio__input" type = "radio" id = "product_color5" name = "color" value = "product_color5">
<label class = "myradio__label" for = "product_color5"><span class = "change black"></span></label>
</div>
```

几点说明：

① html 部分

<div class = "field">：这是一个包含单选按钮和标签的容器，用于组织和布局。

<input class = "myradio__input" type = "radio" id = "product_color5" name = "color" value = "product_color5">：这是一个单选按钮，具有特定的 ID、名称和值。

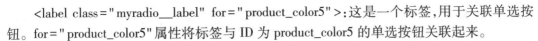

<label class="myradio__label" for="product_color5">：这是一个标签，用于关联单选按钮。for="product_color5"属性将标签与 ID 为 product_color5 的单选按钮关联起来。

<span class="change black"></span>：这是一个内嵌在标签中的<span>元素，用于显示颜色。

② css 部分

.myradio__label：这个类名用于样式化标签。

.change .black：这个类名用于样式化<span>元素，使其显示特定的颜色。

步骤 2：在 product.css 中写入以下样式：

```css
.collection-item-inner .collection-content .color-option .field.change {
    width: 18px;
    height: 18px;
    display: block;
    border-radius: 100%;
}
.color-option .field-main.blue {
    background-color:#024888;
}
.color-option .field-main.black {
    background: #3B383E;
}
.color-option .field-main.brown {
    background: #9C8752;
}
.variant-option.color-option.color .myradio__label {
    padding: 2px;
    border: 1px solid rgba(0, 0, 0, .2);
}
.color-option .myradio__label {
    min-width: 24px;
}
.collection-item-inner .collection-content .color-option .field-main {
    column-gap: 7px;
}
.collection-item .variant-option.color-option.color .myradio__input:checked ~ .myradio__label:after {
    border-width: 2px;
}
.variant-option.color-option.color .myradio__input:checked ~ .myradio__label:after {
    height: calc(100% + 2px);
    width: calc(100% + 2px);
    top: -1px;
    left: -1px
}
```

步骤 3：在 home.css 中写入以下样式：

```css
.featured-collection .collection-inner {
    margin: 0 -16px;
```

```css
}
.featured-collection .collection-item-inner {
    padding: 0 16px;
}
.featured-collection .section-title {
    margin-bottom: 32px;
}
.collection-item .collection-img {
    margin-bottom: 16px;
    position: relative;
    overflow: hidden;
}
.collection-item {
    width: 25% ;
}
.featured-collection.with-slider .collection-item {
    width: 336px;
}
.collection-item .collection-img-inner {
    height: 388px;
}
.collection-item .collection-img-inner img {
    height: 100% ;
    width: 100% ;
    object-fit: cover;
}
.collection-item .collection-img:before {
    position: absolute;
    content: "";
    width: 100% ;
    height: 100% ;
    top: 0;
    left: 0;
    background-color: #024888;
    pointer-events: none;
    opacity: 0;
}
.collection-item .collection-img:hover:before {
    opacity: 0.4;
}
.collection-item .collection-img .label-text {
    font-size: 14px;
    font-weight: 700;
    line-height: 20px;
    letter-spacing: 0.28px;
    display: inline-block;
    position: absolute;
    top: 10px;
    left: 10px;
    padding: 5px 15px;
    background: #fff;
```

```css
    color: #024888;
}
.collection-item .collection-content h5 a {
    font-size: 18px;
    font-family: var(--body-font);
    font-weight: 600;
    line-height: 24px;
    letter-spacing: 0.36px;
    color: #012A50;
}
.collection-item .collection-content h5 a:hover {
    color: #13D0C8;
}
.collection-item .collection-content h5 {
    line-height: 24px;
    margin-bottom: 8px;
}
.collection-item .price {
    margin-bottom: 8px;
}
.collection-item .price span {
    font-size: 18px;
    font-weight: 700;
    line-height: 24px;
    letter-spacing: 0.36px;
}
.collection-item .price span.strike {
    opacity: 0.4;
    text-decoration: line-through;
    margin-right: 6px;
    font-weight: 600;
}
.collection-item .collection-content .swatches {
    column-gap: 6px;
}
.collection-item .collection-content .swatch {
    height: 22px;
    width: 22px;
    border-radius: 50% ;
    overflow: hidden;
    padding: 2px;
    background: #fff;
    border: 1px solid #CCC;
    cursor: pointer;
    transition: border ease 0.2s;
}
.collection-item .collection-content .swatches.images .swatch {
    height: 38px;
    width: 38px;
}
.collection-item .collection-content .swatch:hover {
```

```css
    border-color: #012A50;
}
.collection-item .collection-content .swatch span {
    display: block;
    height: 100%;
    width: 100%;
    position: relative;
    border-radius: 50%;
    background-color: #024888;
}
.collection-item .collection-content .swatch img {
    height: 100%;
    width: 100%;
    object-fit: cover;
    display: block;
}
.collection-item .collection-content .swatch.black span {
    background: #3B383E;
}
.collection-item .collection-content .swatch.brown span {
    background: #9C8752;
}
.collection-item .collection-img .button {
    position: absolute;
    bottom: -10px;
    left: 50%;
    white-space: nowrap;
    transform: translateX(-50%);
    padding: 10px;
    width: 90%;
    text-align: center;
    background: #fff;
    color: #024888;
    opacity: 0;
}
.collection-item .collection-img:hover .button {
    bottom: 15px;
    opacity: 1;
}
.collection-item .collection-img:hover .button:hover {
    background-color: transparent;
    border-color: #fff;
    color: #fff;
}
```

当鼠标滑过本区域图片时,会显示"快速查看"按钮。单击该按钮后弹出一个窗口,显示单件商品信息,如图 6.20 所示。该窗口也称模态窗,是预先定义的一个区域内容,通常状态下隐藏,单击通过 js 调用显示,在窗口右上角有一个关闭按钮,用于关闭模态窗。

图 6.20 主页快速查看弹出窗口

步骤 4：在 index.html 主文件</body>上方添加该窗口前端元素。

```
<div class = "popup-quickview">
<div class = "single-product-section single-pg-product mb60">
<div class = "quick-view-close">
</div>
<div class = "single-product d-flex">
<div class = "single-product-img aos-init aos-animate">
<img loading = "lazy" src = "static/picture/product-jacket.jpg" alt = "">
</div>
<div class = "single-product-content aos-init aos-animate">
<h2><a href = "product.html">羊毛绗缝马甲</a></h2>
<div class = "prices d-flex align-center">
<span class = "price strike">￥129.00</span>
<span class = "price">￥99.00 RMB</span>
<span class = "tag">- 25% </span>
</div>
<div class = "tax-text">
<span>所持会员再打 9 折, 享积分。</span>
</div>
<div class = "product-options">
<form action = "post" class = "product-variants">
<div class = "variant-option size d-flex align-center">
<span class = "option-name">Size</span><div class = "field-main d-flex flex-wrap">
<div class = "field">
<input class = "myradio__input" type = "radio" id = "XS" name = "size" value = "XS">
<label class = "myradio__label" for = "XS">XS</label>
</div>
此处省略 4 段与上述背景色文字相似内容, 型号分别为 S,M,L ,XL
</div>
</div>
```

```html
<div class="variant-option color d-flex align-center">
    <span class="option-name">Color</span><div class="field-main d-flex">
    <div class="field">
    <input class="myradio__input" type="radio" id="color5" name="color" value="color5">
    <label class="myradio__label" for="color5"><img src="static/picture/product-variant-1.png" alt=""></label>
    </div>
    <div class="field">
    <input class="myradio__input" type="radio" id="color6" name="color" value="color6">
    <label class="myradio__label" for="color6"><img src="static/picture/product-variant-2.png" alt=""></label>
    </div>
    <div class="field">
    <input class="myradio__input" type="radio" id="color7" name="color" value="color7">
    <label class="myradio__label" for="color7"><img src="static/picture/product-variant-1.png" alt=""></label>
    </div>
    <div class="field">
    <input class="myradio__input" type="radio" id="color8" name="color" value="color8">
    <label class="myradio__label" for="color8"><img src="static/picture/product-variant-2.png" alt=""></label>
    </div>
    </div>
    </div>
</form>
</div>
<div class="qty-cart-block align-center d-flex justify-space-between mb50">
    <div class="qty d-flex align-center">
    <a href="javascript:void(0)" class="qty-btn minus">-</a>
    <input type="number" value="1" min="1">
    <a href="javascript:void(0)" class="qty-btn plus">+</a>
    </div>
    <div class="cart-button">
    <a href="javascript:void(0)" class="button">加入购物车</a>
    </div>
</div>
<div class="pickup-info d-flex">
<div class="icon"></div>
<div class="pickup-info-detail">
    <p>购买于 <strong>顶瓜瓜工厂店</strong><br>24 小时内发货</p>
    </div>
</div>
<details class="desc-text" open="">
    <summary>
    <span class="desc-title">
    <span>商品描述</span>
    </span>
    </summary>
    <div class="accordion__content">
    <span>聚酯纤维 95% 氨纶 5% 羊毛开衫,文字省略...</span>
```

```
        </div>
      </details>
      </div>
</div>
    </div>
    </div>
```

步骤 5：在 product.css 中写入：

```css
.popup-quickview {
    background: rgba(0, 0, 0, .4);
    height: 100%;
    width: 100%;
    position: fixed;
    top: 0;
    bottom: 0;
    left: 0;
    right: 0;
    z-index: 99999;
    opacity: 0;
    pointer-events: none;
}
.quickview-open .popup-quickview {
    opacity: 1;
    pointer-events: inherit;
}
.popup-quickview .quick-view-close {
    background-image:url("../picture/wrong.png");
    height: 36px;
    width: 36px;
    background-repeat: no-repeat;
    background-position: center;
    margin-left: auto;
    background-size: 22px;
    position: absolute;
    top: 8px;
    right: 8px;
    cursor: pointer;
}
.popup-quickview .single-product-section {
    position: fixed;
    top: 50%;
    bottom: 0;
    left: 50%;
    right: 0;
    z-index: 100;
    max-height: 85vh;
    height: 100%;
    max-width: 80vw;
```

```
        width: 100% ;
        margin: 0 auto;
        transform: translate(-50% , -50% );
        background-color: #fff;
        overflow-y: auto;
        padding: 40px 20px
}
.popup-quickview .single-product-content .tax-text {
        margin-bottom: 15px;
}
.popup-quickview .single-product-section.single-pg-product .single-product-img {
        height: auto;
}
```

步骤 6：在 script.js 脚本文件的 jQuery 文件中写入：

```
/*** Quickview Popup JS *** /
  $ ('.collection-item .collection-img .button').click(function(){
     $ ('body').addClass('quickview-open');
});
  $ ('.quick-view-close').click(function(){
     $ ('body').removeClass('quickview-open');
});
```

7) 单品展示区

该区域外观与"快速查看"按钮的弹出窗口布局相似,区别在于本区域默认占据100%的宽度,而弹出窗口尺寸为小尺寸窗口(图 6.21)。

图 6.21　主页单品展示区

步骤1：接上节，添加前端元素。

```html
<div class="single-product-section bg-gray1 ptb110">
<div class="container-small">
<div class="single-product d-flex">
<div class="single-product-img" data-aos="fade-up">
<img loading="lazy" src="static/picture/product-jacket.jpg" alt="">
</div>
<div class="single-product-content" data-aos="fade-up">
<h2><a href="product.html">羊毛绗缝马甲</a></h2>
<div class="prices d-flex align-center">
<span class="price strike">￥129.00</span>
<span class="price">￥99.00 </span>
<span class="tag">-25% </span>
</div>
<div class="tax-text">
<span>所持会员再打9折，享积分。</span>
</div>
<div class="product-options">
<form action="post" class="product-variants">
<div class="variant-option with-color-label color d-flex align-center">
<span class="option-name">Color</span>
<div class="field-main d-flex">
<div class="field">
<input class="myradio__input" type="radio" id="color1" name="color" value="color1">
<label class="myradio__label" for="color1"><img src="static/picture/product-variant-1.png" alt=""></label>
<span class="color-text">黑色</span>
</div>
<div class="field">
<input class="myradio__input" type="radio" id="color2" name="color" value="color2">
<label class="myradio__label" for="color2"><img src="static/picture/product-variant-2.png" alt=""></label>
<span class="color-text">灰色</span>
</div>
<div class="field">
<input class="myradio__input" type="radio" id="color3" name="color" value="color3">
<label class="myradio__label" for="color3"><img src="static/picture/product-variant-1.png" alt=""></label>
<span class="color-text">棕色</span>
</div>
<div class="field">
<input class="myradio__input" type="radio" id="color4" name="color" value="color4">
<label class="myradio__label" for="color4"><img src="static/picture/product-variant-2.png" alt=""></label>
<span class="color-text">白色</span>
</div>
</div>
</div>
<div class="variant-option size d-flex align-center">
<span class="option-name">Size</span><div class="field-main d-flex flex-wrap">
<div class="field">
<input class="myradio__input" type="radio" id="productXS" name="size" value="productXS">
```

```html
        <label class="myradio__label" for="productXS">XS</label>
    </div>
    <div class="field">
        <input class="myradio__input" type="radio" id="productS" name="size" value="productS">
        <label class="myradio__label" for="productS">S</label>
    </div>
    <div class="field">
        <input class="myradio__input" type="radio" id="productM" name="size" value="productM">
        <label class="myradio__label" for="productM">M</label>
    </div>
    <div class="field">
        <input class="myradio__input" type="radio" id="productL" name="size" value="productL">
        <label class="myradio__label" for="productL">L</label>
    </div>
    <div class="field">
        <input class="myradio__input" type="radio" id="productXL" name="size" value="productXL">
        <label class="myradio__label" for="productXL">XL</label>
    </div>
    </div>
    </div>
</form>
</div>
<div class="availability d-flex align-center">
    <div class="icon d-flex">
        <svg role="img" class="icon-tick">
            <use xlink:href="sprite.svg#icon-checked-icon"></use>
        </svg>
    </div>
    <div class="pickup-info-detail">
        <p>选择数量</p>
    </div>
</div>
<div class="qty-cart-block align-center d-flex justify-space-between mb50">
    <div class="qty d-flex align-center">
        <a href="javascript:void();" class="qty-btn minus">-</a>
        <input type="number" value="1" min="1">
        <a href="javascript:void();" class="qty-btn plus">+</a>
    </div>
    <div class="cart-button">
        <a href="javascript:void();" class="button">加入购物车</a>
    </div>
</div>
<div class="desc-text">
    <span class="desc-title">商品描述</span>
    <p>聚酯纤维95% 氨纶5% 羊毛开衫,保暖抓绒背心,采用绵羊毛填充,保暖舒适。保暖、轻盈、透气有弹性,防风保暖的高领抓绒衣,兼顾了时尚性与功能性,融合进舒适与时尚的特点,是休闲类服饰中很受顾客青睐的服饰。男女同款,造型随意搭,谁穿都不会错。</p>
    <a class="link-effect" href="collection.html">查看详细</a>
```

```
          </div>
        </div>
      </div>
    </div>
  </div>
```

步骤2：在home.css文件中添加样式,具体代码可扫描下面的二维码获得。

7）单品展示区步骤2代码

8）新品展示区

新品展示区的设计与经典收藏区类似（图6.22），同样具有鼠标滑过弹出窗口的快速查看功能。区别在于本区域调用了swiper插件,具有左右滑动的功能。该插件在新文件创建时已引入。

图6.22 主页新品展示区

步骤1：接上节</div>处,添加页面前端元素。

```
<div class = "featured-collection with-slider ptb64">
<div class = "container">
<div class = "section-title title2 text-center">
<h2>新品到店</h2>
</div>
</div>
<div class = "featured-collection-slider">
<div class = "mySwiperCollection">
<div class = "collection-inner swiper-wrapper d-flex">
<div class = "collection-item swiper-slide">
```

```html
<div class = "collection-item-inner">
<div class = "collection-img">
<div class = "collection-img-inner">
<a href = "collection.html">
<img src = "static/picture/collection5.jpg" alt = "">
</a>
</div>
<span class = "label-text">-82% </span>
<a href = "javascript:void(0)" class = "button white">快速查看</a>
</div>
<div class = "collection-content">
<h5><a href = "product.html">男短袖衬衫</a></h5>
<div class = "price">
<span class = "strike">￥999.00</span>
<span>￥179.00 </span>
</div>
</div>
</div>
</div>
<div class = "collection-item swiper-slide">
<div class = "collection-item-inner">
<div class = "collection-img">
<div class = "collection-img-inner">
<a href = "collection.html">
<img src = "static/picture/collection6.jpg" alt = "">
</a>
</div>
<span class = "label-text">-85% </span>
<a href = "javascript:void(0)" class = "button white">快速查看</a>
</div>
<div class = "collection-content">
<h5><a href = "product.html">女短袖POLO裙</a></h5>
<div class = "price">
<span class = "strike">￥1099.00</span>
<span>￥169.00 </span>
</div>
</div>
</div>
</div>
<div class = "collection-item swiper-slide">
<div class = "collection-item-inner">
<div class = "collection-img">
<div class = "collection-img-inner">
<a href = "collection.html">
<img src = "static/picture/collection7.jpg" alt = "">
</a>
</div>
<span class = "label-text">-68% </span>
```

```html
<a href="javascript:void(0)" class="button white">快速查看</a>
</div>
<div class="collection-content">
<h5><a href="product.html">男款短袖 POLO 衫</a></h5>
<div class="price">
<span class="strike">￥589.00</span>
<span>￥189.00 </span>
</div>
</div>
</div>
</div>
<div class="collection-item swiper-slide">
<div class="collection-item-inner">
<div class="collection-img">
<div class="collection-img-inner">
<a href="collection.html">
<img src="static/picture/collection8.jpg" alt="">
</a>
</div>
<span class="label-text">-52% </span>
<a href="javascript:void(0)" class="button white">快速查看</a>
</div>
<div class="collection-content">
<h5><a href="product.html">女休闲短裙</a></h5>
<div class="price">
<span class="strike">￥1299.00</span>
<span>￥269.00 </span>
</div>
</div>
</div>
</div>
<div class="collection-item swiper-slide">
<div class="collection-item-inner">
<div class="collection-img">
<div class="collection-img-inner">
<a href="collection.html">
<img src="static/picture/collection5.jpg" alt="">
</a>
</div>
<span class="label-text">-82% </span>
<a href="javascript:void(0)" class="button white">快速查看</a>
</div>
<div class="collection-content">
<h5><a href="product.html">男短袖衬衫</a></h5>
<div class="price">
<span class="strike">￥999.00</span>
<span>￥179.00 </span>
</div>
```

```html
    </div>
   </div>
  </div>
  <div class="collection-item swiper-slide">
   <div class="collection-item-inner">
    <div class="collection-img">
     <div class="collection-img-inner">
      <a href="collection.html">
       <img src="static/picture/collection6.jpg" alt="">
      </a>
     </div>
     <span class="label-text">-85% </span>
     <a href="javascript:void(0)" class="button white">快速查看</a>
    </div>
    <div class="collection-content">
     <h5><a href="product.html">女短袖 POLO 裙</a></h5>
     <div class="price">
      <span class="strike">￥1099.00</span>
      <span>￥169.00 </span>
     </div>
    </div>
   </div>
  </div>
 </div>
</div>
</div>
</div>
```

步骤 2：在 home.css 文件中写入：

```css
.featured-collection.with-slider {
    overflow: hidden;
}
.testimonial-inner, .featured-collection-slider {
    margin-left: 50% ;
    transform: translateX(-674px);
    width: 100% ;
    overflow: hidden;
    padding-left: 20px;
}
```

步骤 3：在 style.css 文件中写入：

```css
.ptb64 {
    padding-top: 64px;
    padding-bottom: 64px;
}
```

视频 6-7

其余样式与经典收藏样式相同。

步骤4：在 index.html 文档末尾处添加 swiper 插件调用代码。

```
<script>
    var swiper = new Swiper(".mySwiper", {
        slidesPerView: "auto",
        spaceBetween: 30,
        loop: true,
        pagination: {
            el: ".swiper-pagination",
            clickable: true,
        },
    });
    var swiperTesti = new Swiper(".mySwiperTesti", {
        slidesPerView: "auto",
        loop: true,
        pagination: {
            el: ".swiper-pagination1",
            type: "fraction",
        },
        navigation: {
            nextEl: ".slider-next",
            prevEl: ".slider-prev",
        },
    });
    var swiper = new Swiper(".mySwiperCollection", {
        slidesPerView: "auto",
        spaceBetween: 0,
        loop: true,
        pagination: {
            el: ".swiper-pagination",
            clickable: true,
        },
    });
</script>
```

上述代码包含即将制作的客户反馈信息模块的滑动功能。

9）客户评价区

客户评价区显示过往评价，采用 swiper 插件，可以左右滑动，如图 6.23 所示。

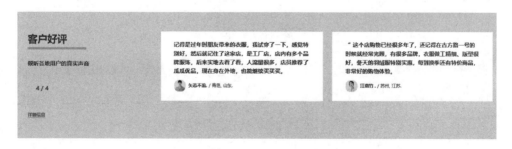

图 6.23　主页客户评价区

步骤 1：接上节，在页面添加前端元素。

```html
<div class="testimonial-section bg-gray1 ptb64">
<div class="testimonial-inner d-flex">
<div class="testimonial-left" data-aos="fade-up">
<div class="section-title title2">
<h2>客户好评</h2>
</div>
<p>倾听各地用户的真实声音</p>
<div class="slider-btns d-flex align-center">
<span class="slider-prev swiper-button-prev">
<img src="static/picture/icon-left.png">
</span>
<div class="swiper-pagination1"></div>
<span class="slider-next swiper-button-next">
<img src="static/picture/icon-right.png">
</span>
</div>
<a class="link-effect" href="blog.html">详细信息</a>
</div>
<div class="testimonial-right">
<div class="testimonials mySwiperTesti d-flex">
<div class="swiper-wrapper">
<div class="testimonial-item swiper-slide" data-aos="fade-up">
<div class="testimonial-item-inner">
<p>" 这个店购物已经很多年了,还记得在古方路一号的时候就经常光顾,有很多品牌,衣服做工精细、版型很好,冬天的羽绒服特别实惠,每到换季还有特价商品,非常好的购物体验。</p>
<div class="author d-flex align-center">
<div class="author-img">
<img loading="lazy" src="static/picture/author1.png" alt="">
</div>
<div class="author-content">
<h6>江南竹 .<span> / 苏州, 江苏.</span></h6>
</div>
</div>
</div>
</div>
<div class="testimonial-item swiper-slide" data-aos="fade-up">
<div class="testimonial-item-inner">
<p>比较喜欢这家店的 polo 衫,款式新颖,用料考究,polo 衬衫也不错,有很多种花格子的衬衫图案很特别,尤其是价格很美丽,有个瓜瓜优品小程序全国都能看得到。</p>
<div class="author d-flex align-center">
<div class="author-img">
<img loading="lazy" src="static/picture/author2.png" alt="">
</div>
<div class="author-content">
<h6>青城小白. <span> / 成都, 四川.</span></h6>
</div>
```

```html
        </div>
      </div>
    </div>
    <div class="testimonial-item swiper-slide" data-aos="fade-up">
      <div class="testimonial-item-inner">
        <p>经常到这家店去买童装,一年四季小孩子的T恤、衬衫、毛衣、外套都有,尤其是全棉服饰比较多,品种全,色泽艳丽,孩子喜欢。1年前店铺已经搬迁到了夏城路上了,还是很方便。</p>
        <div class="author d-flex align-center">
          <div class="author-img">
            <img loading="lazy" src="static/picture/author2.png" alt="">
          </div>
          <div class="author-content">
            <h6>微风徐来. <span> / 江阴, 无锡.</span></h6>
          </div>
        </div>
      </div>
    </div>
    <div class="testimonial-item swiper-slide" data-aos="fade-up">
      <div class="testimonial-item-inner">
        <p>记得是过年时朋友带来的衣服,我试穿了一下,感觉特别好,然后就记住了这家店,是工厂店,店内有多个品牌服饰,后来实地去看了看,人流量很多,店员推荐了瓜瓜优品,现在身在外地,也能继续买买买。</p>
        <div class="author d-flex align-center">
          <div class="author-img">
            <img loading="lazy" src="static/picture/author2.png" alt="">
          </div>
          <div class="author-content">
            <h6>矢志不渝. <span> / 青岛, 山东.</span></h6>
          </div>
        </div>
      </div>
    </div>
   </div>
  </div>
 </div>
</div>
```

步骤2：在home.css样式表中添加：

```css
.testimonial-section {
    overflow: hidden;
}
.testimonial-inner .testimonial-left {
    width: 420px;
    padding-bottom: 5px;
}
.testimonial-inner .testimonial-left a {
    font-weight: 700;
```

```css
        letter-spacing: 0.28px;
        border-bottom: 1px solid var(--primary-color);
}
.testimonial-inner .testimonial-left a.link-effect:before {
        margin: -1px 0;
}
.testimonial-left .section-title.title2 h2 {
        margin-bottom: 12px;
        padding-bottom: 10px;
}
.testimonial-left p {
        font-size: 18px;
        font-weight: 600;
        line-height: 24px;
        letter-spacing: 0.36px;
        max-width: 244px;
        display: -webkit-box;
        -webkit-line-clamp: 3;
        -webkit-box-orient: vertical;
        overflow: hidden;
}
.testimonial-inner .testimonial-right {
        width: calc(100% - 420px);
        overflow: hidden;
}
.testimonial-inner .testimonial-right .swiper-wrapper {
        height: auto;
}
.testimonial-item-inner {
        background: #fff;
        padding: 28px 42px;
        height: 100% ;
}
.testimonial-inner .testimonial-left .slider-btns span {
        position: static;
        height: auto;
        line-height: inherit;
        margin: 0;
}
.testimonial-inner .testimonial-left .slider-btns {
        column-gap: 8px;
        margin-bottom: 40px;
        margin-left: -8px;
}
.testimonial-inner .testimonial-left .slider-btns span:after {
        display: none;
}
.swiper-pagination1 {
```

```css
    width: auto;
    font-size: 18px;
    font-family: Lato;
    font-weight: 700;
    line-height: 24px;
    letter-spacing: 0;
}
.testimonial-inner, .featured-collection-slider {
    margin-left: 50% ;
    transform: translateX(-674px);
    width: 100% ;
    overflow: hidden;
    padding-left: 20px;
}
.testimonial-item {
    width: 560px;
    padding: 0 15px;
}
.testimonial-item-inner p {
font-size: 18px;
    font-weight: 600;
    line-height: 28px;
    letter-spacing: 0.36px;
    margin-bottom: 12px;
}
.testimonial-item .author {
    column-gap: 8px;
}
.review {
    margin-bottom: 24px;
}
.author-content h6 {
    margin: 0;
}
.author-content h6 span {
    font-weight: 400;
}
.testimonial-item .author-img {
    height: 40px;
    width: 40px;
    border-radius: 50% ;
    overflow: hidden;
}
.featured-collection.with-slider {
    overflow: hidden;
}
.icon-tick {
    height: 24px;
    width: 24px;
}
```

步骤 3： 在 style.css 文件中写入：

```
.bg-gray1 {
    background-color: #D3DCE4;
}
.ptb64 {
    padding-top: 64px;
    padding-bottom: 64px;
}
```

d-flex align-center 两个样式为通用样式，之前已写入 style.css，其代码为：

```
.d-flex { display: flex; }
.align-center { align-items: center; }
```

10）博客区

主页博客区提供博文预览，点击可以进入详细页面（图 6.24）。

图 6.24 主页博客区

主页博客区的布局与上述各区域相似，上方采用大标题居中，下方采用弹性盒子排列各图文。

步骤 1： 接上节，在 index.html 文件中添加前端元素。

```
<div class="blog-section bg-cream ptb64">
<div class="container">
<div class="section-title title2 text-center" data-aos="fade-up">
<h2>博客页面</h2>
</div>
<div class="blog-items d-flex">
<div class="blog-item">
<div class="blog-item-inner">
<div class="blog-img" data-aos="fade-up" data-aos-delay="100">
```

```html
<div class="blog-img-inner object-fit">
<img loading="lazy" src="static/picture/blog-img1.jpg" alt="">
</div>
</div>
<div class="blog-content" data-aos="fade-up" data-aos-delay="300">
<h3><a href="blog-detail.html">春季如何穿搭？</a></h3>
<p>春季是一个温暖而多变的季节,穿搭要考虑到温度的变化和个人的风格偏好。春季早晚温差大,可以采用层次搭配,比如穿一件长袖 T 恤或衬衫,外面再搭配一件轻薄的外套或开衫。风衣、牛仔夹克、棒球夹克或轻薄的皮夹克都是春季不错的选择,既保暖又时尚。春季是穿连衣裙的好时机,可以选择印花、碎花或者纯色的连衣裙,搭配一双舒适的平底鞋或小白鞋。<br>最重要的是找到适合自己的风格,无论是休闲、商务还是街头风,都要保持自己的个性和舒适。</p>
<div class="blog-details">
<ul class="default-ul d-flex">
<li class="d-flex align-center">
<span class="icon">
</span>
<span>Jul 09, 2024</span>
</li>
<li class="d-flex align-center">
<span class="icon">
</span>
    <span>2 评论</span>
</li>
</ul>
</div>
</div>
</div>
</div>
<div class="blog-item">
<div class="blog-item-inner">
<div class="blog-img" data-aos="fade-up" data-aos-delay="100">
<div class="blog-img-inner object-fit">
<img loading="lazy" src="static/picture/blog-img2.jpg" alt="">
</div>
</div>
<div class="blog-content" data-aos="fade-up" data-aos-delay="300">
<h3><a href="blog-detail.html">什么叫 polo 衫？</a></h3>
<p>Polo 衫,又称为马球衫或高尔夫衫,是一种起源于 20 世纪初的休闲服装。它最初是为马球运动员设计的,因为这种衣服的设计可以方便运动员在骑马时挥杆打球。以下是 Polo 衫的一些特点:领口设计:Polo 衫通常有一个带有扣子的领子。短袖:Polo 衫通常是短袖设计,适合春夏季节穿着。<br>
材质:Polo 衫的材质多样,常见的有棉、涤纶、混纺等。下摆:Polo 衫的下摆通常是直筒设计。搭配:Polo 衫可以搭配牛仔裤、休闲裤、短裤等,适合打造休闲或半正式的穿搭风格。</p>
<div class="blog-details">
<ul class="default-ul d-flex">
<li class="d-flex align-center">
<span class="icon">
</span>
<span>Jan 29, 2023</span>
</li>
<li class="d-flex align-center">
<span class="icon">
</span>
<span>2 评论</span>
```

```html
</li>
</ul>
</div>
</div>
</div>
</div>
</div>
<div class = "blog-all text-center mt50" data-aos = "fade-up">
<a href = "blog.html" class = "link-effect">查看所有</a>
</div>
</div>
</div>
```

步骤 2：在 home.css 文件中写入：

```css
.blog-items {
    margin: 0 -16px;
}
.blog-items > div {
    padding: 0 16px;
    width: 50% ;
}
.blog-items > div.blog-item .blog-item-inner {
    display: flex;
    flex-direction: column;
    height: 100% ;
}
.blog-items > div.blog-item .blog-item-inner .blog-content {
    flex: 1 0;
}
.blog-img-inner {
    height: 420px;
}
.blog-content {
    max-width: calc(100%  - 80px);
    margin: 0 auto;
    padding: 48px 60px;
    background: #fff;
    margin-top: -56px;
    position: relative;
}
.blog-content h3 {
    font-size: 18px;
    font-family: var(--body-font);
    font-weight: 700;
    line-height: 24px;
    letter-spacing: 0.72px;
    text-transform: uppercase;
```

```css
        margin-bottom: 16px;
}

    .blog-content p {
        letter-spacing: 0.28px;
        color: var(--dark-blue);
        line-height: 20px;
        padding-bottom: 32px;
        border-bottom: 2px solid var(--secondary-color);
}
.blog-details ul li span {
        display: inline-block;
        color: var(--primary-color);
}
.blog-details ul li:not(:first-child):before {
        content: '|';
        margin: 0 10px;
        color: var(--primary-color);
}
.blog-details ul li .icon {
        margin-right: 4px;
        display: flex;
}
.blog-all a {
        font-weight: 700;
        line-height: 20px;
        letter-spacing: 0.28px;
        border-bottom: 1px solid var(--primary-color);
}
.blog-all a.link-effect:before {
        margin: -1px 0;
}
```

步骤3：在 style.css 中写入：

```css
.bg-cream {
        background-color:#F6F1EF;
}
.object-fit img {
        height: 100% ;
        width: 100% ;
        object-fit: cover;
}
```

11) 主页页脚区

主页页脚区包含订阅区、快捷链接区、版权信息区等(图6.25)。订阅区前端是一个输入框和一个按钮,单击按钮可实现邮箱订阅功能。快捷链接区分类展示了各类链接。版权区则提供了公司信息。

图 6.25　主页页脚区

步骤 1：接上节，在前端添加：

```
<footer class="site-footer">
<div class="newsletter-section bg-cream">
<div class="container-small">
<div class="newsletter-inner d-flex align-center">
<div class="newsletter-content">
<div class="newsletter-content-inner" data-aos="fade-up">
<div class="section-title title2">
<h2>留下您的 email 地址.</h2>
</div>
<p class="mb60">订阅我们的商务资讯、随时获取打折信息，及各种店内活动、新品推介...</p>
<form action="post" class="newsletter-form">
<div class="form-inner d-flex">
<div class="field input-field">
<input type="text" placeholder="E-mail">
</div>
   <div class="field submit-field">
   <input type="submit" value="订阅">
   </div>
    </div>
    <div class="bottom-text">
    <p>您可以随时取消订阅。</p>
    </div>
    </form>
```

```html
        </div>
      </div>
      <div class = "newsletter-img">
        <img loading = "lazy" src = "static/picture/lady-img.png" alt = "">
      </div>
    </div>
  </div>
</div>
<div class = "footer-block">
  <div class = "container">
    <div class = "footer-inner d-flex justify-space-between">
      <div class = "footer-column column1">
        <div class = "footer-logo">
          <a href = ""><img loading = "lazy" src = "static/picture/ding.png" alt = "顶瓜瓜工厂店"></a>
        </div>
        <div class = "site-description">
          <p>顶瓜瓜<br> 让您更美丽! </p>
        </div>
      </div>
      <div class = "footer-column column2">
        <h6>主菜单</h6>
        <ul class = "default-ul">
          <li><a class = "link-effect" href = "">主页</a></li>
          <li><a class = "link-effect" href = "collection.html">商城</a></li>
          <li><a class = "link-effect" href = "product.html">T恤衫</a></li>
          <li><a class = "link-effect" href = "product.html">夹克</a></li>
          <li><a class = "link-effect" href = "product.html">POLO衫</a></li>
          <li><a class = "link-effect" href = "product.html">羽绒服</a></li>
        </ul>
      </div>
      <div class = "footer-column column3">
        <h6>便利菜单</h6>
        <ul class = "default-ul">
          <li><a class = "link-effect" href = "search.html">搜索</a></li>
          <li><a class = "link-effect" href = "refund-policy.html">积分政策</a></li>
          <li><a class = "link-effect" href = "shipping-policy.html">会员福利</a></li>
        </ul>
      </div>
      <div class = "footer-column column4">
        <h6>顾客关怀</h6>
        <ul class = "default-ul">
          <li><a class = "link-effect" href = "contact.html">联系我们</a></li>
          <li><a class = "link-effect" href = "blog.html">博客页面</a></li>
          <li><a class = "link-effect" href = "faq.html">常见问题</a></li>
          <li><a class = "link-effect" href = "about.html">关于我们</a></li>
        </ul>
      </div>
    </div>
```

```html
        </div>
        <div class="copyright-section bg-cream">
          <div class="container">
            <div class="copyright-inner d-flex justify-space-between align-center">
              <div class="copyright-text">
                <p>Copyright &copy; 2024.常州顶呱呱彩棉服饰有限公司.</p>
              </div>
              <div class="payment-icons">
                <ul class="default-ul d-flex">
                  <li><a href=""><img loading="lazy" src="static/picture/payment1.svg" alt=""></a></li>
                  <li><a href=""><img loading="lazy" src="static/picture/payment2.svg" alt=""></a></li>
                  <li><a href=""><img loading="lazy" src="static/picture/payment3.svg" alt=""></a></li>
                  <li><a href=""><img loading="lazy" src="static/picture/payment4.svg" alt=""></a></li>
                </ul>
              </div>
            </div>
          </div>
        </div>
      </footer>
```

步骤 2：在 footer.css 文件中写入：

```css
/*** Newsletter Section ***/
.newsletter-section {
    padding-top: 30px;
}
.newsletter-img {
    width: 335px;
}
.newsletter-content {
    width: calc(100% - 335px);
}
.newsletter-content .section-title.title2 h2 {
    margin-bottom: 0;
}
.newsletter-content .section-title {
    margin-bottom: 12px;
}
.newsletter-content-inner > p {
    font-size: 18px;
    font-weight: 600;
    line-height: 24px;
    letter-spacing: 0.36px;
    max-width: 425px;
    display: -webkit-box;
    -webkit-line-clamp: 2;
    -webkit-box-orient: vertical;
    overflow: hidden;
```

```css
}
.newsletter-content .section-title h2:after,
.testimonial-left .section-title h2:after {
    left: 0;
    transform: none;
}
.newsletter-content-inner {
    max-width: 580px;
}
.newsletter-form .input-field {
    width: calc(100% - 150px);
    padding-right: 16px;
}
.newsletter-form .submit-field {
    width: 150px;
}
.newsletter-form input[type="text"] {
    padding: 16px 30px;
    border: 0;
    font-size: 14px;
    font-weight: 600;
    line-height: 20px;
    letter-spacing: 0.28px;
}
.newsletter-form input[type="submit"] {
    padding: 14px 30px;
    font-size: 14px;
    font-weight: 600;
    line-height: 20px;
    letter-spacing: 0.28px;
    border: 2px solid #024888;
    letter-spacing: 1.4px;
    text-transform: uppercase;
    width: 100%;
    text-align: center;
    cursor: pointer;
    outline: none;
}
.newsletter-form input[type="submit"]:hover,
.newsletter-form input[type="submit"]:focus {
    background-color: #13D0C8;
    color: #fff;
    border: 2px solid #13D0C8;
}
.newsletter-form .bottom-text {
    margin-top: 8px;
}
.newsletter-form .bottom-text p {
```

```css
        margin-bottom: 0;
        font-size: 10px;
        font-weight: 600;
        letter-spacing: 0.4px;
}
/*** Newsletter Section END *** /
/*** Footer Section *** /
.footer-block {
        padding: 28px 0 0;
}
.footer-inner {
        margin-bottom: 36px;
}
.footer-column h6 {
        font-size: 18px;
        font-family: var(--body-font);
        font-weight: 700;
        line-height: 24px;
        letter-spacing: 0.36px;
        margin-bottom: 16px;
}
.footer-column ul li {
        line-height: 20px;
        letter-spacing: 0.28px;
}
.footer-column ul li a {
        opacity: 0.8;
}
.footer-column ul li a:hover {
        opacity: 0.8;
}
.footer-column ul li:not(:first-child) {
        margin-top: 12px;
}
.footer-logo {
        margin-bottom: 32px;
}
.site-description p {
        color: #024888;
        font-size: 18px;
        font-weight: 700;
        line-height: 24px;
        letter-spacing: 0.72px;
}
.social-icons ul,
.payment-icons ul {
        column-gap: 12px;
}
```

```css
.payment-icons svg {
    width: 35px;
}
.social-icons ul li a {
    height: 30px;
    width: 30px;
    display: flex;
    align-items: center;
    justify-content: center;
    background: #012A50;
    color: #fff;
    border-radius: 50% ;
    font-size: 17px;
}
.social-icons ul li a:hover {
    background: #13D0C8;
}
.footer-bottom {
    margin-bottom: 32px;
}
.copyright-section {
    padding: 20px 0;
}
.copyright-text p {
    margin: 0;
    font-size: 12px;
    font-weight: 600;
    line-height: 20px;
    letter-spacing: 0.4px;
}
.payment-icons ul li a {
    display: flex;
}
.dropdown-block .form-bottom {
    width: 300px;
}
.dropdown-block select {
    line-height: 20px;
    letter-spacing: 1.4px;
    text-transform: uppercase;
    border: 0;
    border-bottom: 1px solid rgba(2, 72, 136, 0.4);
    padding: 7px 24px 10px 0;
    width: auto;
    background: url(../image/arrow-down.svg) center right no-repeat;
    cursor: pointer;
    font-weight: 600;
}
```

```css
.dropdown-block select:focus-visible {
    outline: none;
}
/*** Footer Section END *** /
/**** Responsive Media Query **** /
@media screen and (max-width: 767px) {
    .footer-bottom, .footer-inner {
        flex-wrap: wrap;
        row-gap: 24px;
    }
    .social-icons {
        width: 100% ;
    }
    .footer-column h6 {
        line-height: 20px;
        font-size: 16px;
        margin-bottom: 12px;
    }
    .footer-column ul li:not(:first-child) {
        margin-top: 6px;
    }
    .site-description p {
        margin-bottom: 0;
    }
    .copyright-inner {
        flex-wrap: wrap;
        row-gap: 16px;
    }
    .copyright-text {
        width: 100% ;
        text-align: center;
    }
    .dropdown-block, .dropdown-block .form-bottom, .payment-icons {
        width: 100% ;
    }
    .payment-icons ul {
        justify-content: center;
    }
}
```

步骤3：在 style.css 文件中写入：

```css
.container-small {
    margin: 0 auto;
    width: 1128px;
    padding: 0 20px;
}
```

步骤4：接上节,在 index.html 文件中写入：

```html
<span class="ScrollToTop"></span>
```

该功能用于在浏览器右下角添加按钮,链接到本页面顶端。

步骤 5:在 script.js 文件中写入脚本:

```javascript
/*** Scroll Top JS ***/
  $(".ScrollToTop").click(function() {
    $("html, body").animate({ scrollTop: 0 }, "slow");
    return false;
  });
  $(window).scroll(function() {
    if ( $(this).scrollTop() - 200 > 0) {
      $('.ScrollToTop').stop().slideDown('fast'); // show the button
    } else {
      $('.ScrollToTop').stop().slideUp('fast'); // hide the button
    }
    /*** sticky cart open ***/
    if ( $('.featured-collection .section-title').hasClass('aos-animate')){
      $('.sticky-cart').addClass('active');
    } else {
      $('.sticky-cart').removeClass('active');
    }
  });
```

上述代码实现底部按钮链接跳转到头部。

步骤 6:继续在 script.js 文件中添加:

```javascript
/*** Scroll On Has JS ***/
  var header_height = $(".header-block").outerHeight() + 20;
  if(location.href.indexOf('#')>0){
    var val = location.href;
    var myString = val.substr(val.indexOf("#"));
    setTimeout(function (){
      var position = $(myString).offset().top - header_height;
      $("body, html").animate({
        scrollTop: position
      },"slow");
    }, 500);
  }
  $('body').on('click', 'a[href*="#"]', function(e){
    var val = $(this).attr('href');
    e.preventDefault();
    var myString = val.substr(val.indexOf("#"));
    var position = $(myString).offset().top - header_height;
    $("body, html").animate({
      scrollTop: position
    },"slow");
  });
```

说明:这段脚本的主要功能是实现页面内的平滑滚动效果,并且考虑了页面上方的固定头部的高度,以确保滚动到目标位置时不会被头部遮挡。

下面让我们逐行解释这段脚本:

- 计算头部高度:

var header_height = $(".header-block").outerHeight() + 20;

这行代码计算了页面头部的高度,并在其基础上增加了 20 px。outerHeight()方法返回元素的高度,包括内边距(padding),但不包括边框(border)、外边距(margin)和水平滚动条。

- 检查 URL 中是否包含哈希(#):

if(location.href.indexOf('#') > 0){

这行代码检查当前页面的 URL 中是否包含哈希(#),即是否包含锚点。

- 获取 URL 中的哈希值:

var val = location.href;
var myString = val.substr(val.indexOf("#"));

如果 URL 中包含哈希,这行代码会提取出哈希值及其后面的部分。

- 设置定时器并滚动到目标位置:

```
setTimeout(function (){
    var position = $(myString).offset().top - header_height;
    $("body, html").animate({
        scrollTop: position
    },"slow");
}, 500);
```

这行代码设置了一个定时器,在 500 ms 后执行滚动操作。通过"$(myString).offset().top"获取目标元素的顶部位置,再减去头部高度,以确保滚动后目标元素不会被头部遮挡。然后使用"animate"方法平滑滚动到该位置。

- 绑定点击事件处理程序:

```
$('body').on('click', 'a[href*="#"]', function(e){
    var val = $(this).attr('href');
    e.preventDefault();
    var myString = val.substr(val.indexOf("#"));
    var position = $(myString).offset().top - header_height;
    $("body, html").animate({
        scrollTop: position
    },"slow");
});
```

这行代码为所有包含哈希(#)的链接绑定点击事件处理程序。当点击这些链接时,首先阻止默认行为(即跳转到锚点),然后提取哈希值,计算目标元素的位置,并平滑滚动到该位置。

总结来说,这段脚本实现了以下功能:
- 在页面加载时,如果 URL 中包含哈希,会平滑滚动到对应的锚点位置。
- 为所有包含哈希的链接绑定点击事件,实现平滑滚动到对应的锚点位置。
- 考虑了页面头部的高度,确保滚动到目标位置时不会被头部遮挡。

步骤 7:在 home.css 文件中写入响应式代码,具体代码可扫描下面的二维码获得。

11)主页页脚区步骤 7 代码

任务 2 制作产品集页面

1 任务描述

制作产品集(collection.html)页面,该页面用于管理商城内的所有商品。页面上部有筛选按钮,点击筛选按钮显示侧边栏,再次点击侧边栏消失。右上角有排序字段,依据价格、热销程度或商品名称排序。同时商品图片设有快速链接,能够方便地查看单品信息。如图 6.26 所示。

2 理解任务

该任务主要是关于页面元素的展示与功能实现。页面上包含图片、列表、下拉框等元素,侧边栏通过 details 标签展开详细信息。页面上下部分与主页相同。同时对列表样式和单选按钮进行了个性化设计。此外,筛选按钮具有双态特征,可通过 jQuery 的 toggle 方法实现功能切换。

3 任务实践

产品集页面提供产品筛选功能和排序功能,如图 6.26 所示。

视频 6-8

图 6.26 产品集页面功能分区

产品筛选区效果如图 6.27 所示。

层级显示如图 6.28 所示(依据 class 分类)。

图 6.27　产品集页面效果图

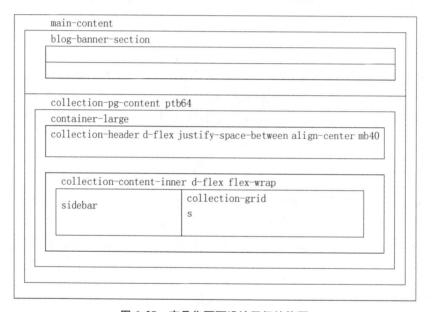

图 6.28　产品集页面设计层级结构图

1) 产品集制作

步骤 1：新建 collection.html 文件，引入头部 css 文件和 js 文件，与主页相同。另外增加以下两个文件：

```
<link rel="stylesheet" href="static/css/collection.css">
<link rel="stylesheet" href="static/css/cms.css">
```

步骤 2：参考主页制作部分的菜单代码，将完整的菜单代码写入<body class="collection">的主体部分。

步骤 3：接上节，制作 banner 部分，添加：

视频 6-9

```
<div class = "main-content"></div>
在</div>前添加
<div class = "blog-banner-section">
<div class = "blog-banner-image">
<div class = "image-overlay"></div>
<img src = "static/picture/collection-banner.jpg" alt = "">
</div>
<div class = "blog-banner-inner-main">
<div class = "container">
<div class = "blog-banner-inner text-center">
  <h1>产品</h1>
  <div class = "breadcrumb banner-bread">
  <ul class = "d-flex default-ul justify-center">
  <li><a href = "index.html">主页</a></li>
  <li><span>产品</span></li>
  </ul>
  </div>
</div>
  </div>
  </div>
  </div>
```

产品页 banner 区(对应上述层级 blog-banner-section)制作完成(图 6.29)。

图 6.29　产品集页面 banner 区

步骤 4：制作产品筛选主体架构，接上节，添加以下前端元素：

```
<div class = "collection-pg-content ptb64">
<div class = "container-large">
…
</div>
</div>
```

说明：该段代码定义两个 div 层级标签，最外层采用 class 样式 collection-pg-content 和样式 ptb64。其中 collection-pg-content 定义以下被包含 div 的顶级标签，主要用于层级调用，没有设置实际尺寸：

```css
.ptb64 {
    padding-top: 64px;
    padding-bottom: 64px;
}
```
该样式定义产品集区域上下 padding 留有 64 像素距离。该样式属于共用样式，写在 style.css 文件中。

步骤 5：制作产品筛选主体的上半部分，如图 6.30 所示。

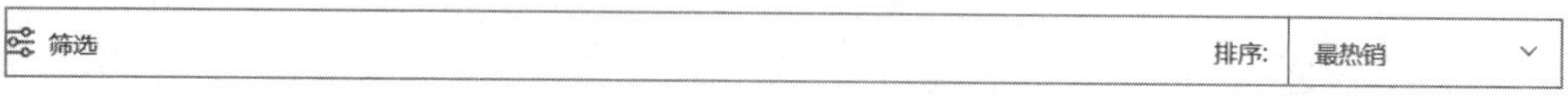

图 6.30 产品集页面筛选

接上节，在 \<div class = "container-large"\>
…
\</div\>
之间写入以下代码：

```html
<!-- Collection Header Section -->
<div class = "collection-header d-flex justify-space-between align-center mb40">
<div class = "sidebar-toggle">
<span>筛选</span>
</div>
<div class = "filter-option-form">
<form action = "post">
<div class = "filter-option-select d-flex align-center">
<span>排序:</span>
<div class = "select-field">
<select name = "sort-by" id = "sort_by">
<option value = "best-selling">最热销</option>
<option value = "title-ascending">字母表顺序, A-Z</option>
<option value = "title-descending">字母表顺序, Z-A</option>
<option value = "price-ascending">价格, 低到高</option>
<option value = "price-descending">价格, 高到低</option>
<option value = "created-ascending">上架日期, 旧到新</option>
<option value = "created-descending">上架日期, 新到旧</option>
</select>
</div>
</div>
</form>
</div>
</div>
<!-- Collection Header Section END -->
```

说明：collection-header 是本部分的最高层级，未设置具体尺寸，主要用于层级引用和设置下级样式。d-flex 是弹性盒子布局，便于内部块级标签横向排列。justify-space-between 是弹性盒子内部子元素横向排列间距的一种方式，用以实现左右对齐并中间空出距离。align-center 用于确保弹性盒子内部子元素在垂直方向上居中对齐。mb40 设置了盒子总体距离下方 40 px。后 4 种样式同样是共用样式，写在 style.css 文件中。

```css
.d-flex { display: flex; }
.justify-space-between { justify-content: space-between; }
.align-center { align-items: center; }
.mb40 {
    margin-bottom: 40px;
}
```

从代码段可以看出,<div class = " sidebar-toggle " ><span>筛选</span></div>与<div class = "filter-option-select d-flex align-center">是同级关系,同是弹性子元素,使得"筛选"和"排序"两块内容能够横向分布并纵向居中对齐。

此处筛选字段由<span>筛选到</span>,运行时,鼠标单击"筛选",左侧侧边栏隐藏,右侧产品集宽屏显示。该功能由 js 语句控制(后续统一写在 script.js 中)。

```js
/*** Sidebar Toggle JS *** /
  $ ('.sidebar-toggle span').click(function(){
      $ ('body').toggleClass('sidebar-hide');
  });
```

上述语句代表鼠标单击.sidebar-toggle 样式下的 span 即"筛选",添加或删除 sidebar-hide。基于此,在 collection.css 文件中写入以下内容:

```css
.sidebar-hide .collection-pg-content .sidebar {
    display: none;
}
.sidebar-hide .collection-pg-content .collection-grids {
    width: 100% ;
}
```

图 6.31 产品集页面左侧边栏

可以看出,单击时,侧边栏显示为 none,右侧.collection-grids 宽度变为 100%,从而实现了上述功能。

步骤 6:制作产品筛选主体下半部分的左侧边栏(图 6.31)。

左侧边栏外观上是弹出式列表,功能上点击"+"展开列表,点击"×"关闭列表。

接上节,在页面主体区继续添加以下代码:

```html
<! -- Collection Content Section -->
<div class = "collection-content-inner d-flex flex-wrap">
<! -- Sidebar Section -->
<div class = "sidebar">
<form action = "post" class = "collection-filter-form">
<div class = "active-filters-wrapper">
<details open = "">
<summary class = "summary-title">
<span>可供</span>
</summary>
```

```html
<div class = "summary-content">
<div class = "filter-item-main">
<ul class = "filter-items default-ul">
<li class = "filter-item">
<label for = "availability-1" class = "filter-checkbox">
<input type = "checkbox" name = "availability" value = "1" id = "availability-1">
<span class = "filter-value">库存</span>
</label>
</li>
<li class = "filter-item">
<label for = "availability-2" class = "filter-checkbox">
<input type = "checkbox" name = "availability" value = "0" id = "availability-2">
<span class = "filter-value">无库存</span>
</label>
</li>
</ul>
</div>
</div>
</details>
<details>
<summary class = "summary-title">
<span>服饰类型</span>
</summary>
<div class = "summary-content">
<div class = "filter-item-main">
<ul class = "filter-items default-ul">
<li class = "filter-item">
<label for = "product-1" class = "filter-checkbox">
<input type = "checkbox" name = "product" value = "1" id = "product-1">
<span class = "filter-value">帽子</span>
</label>
</li>
<li class = "filter-item">
<label for = "product-2" class = "filter-checkbox">
<input type = "checkbox" name = "product" value = "0" id = "product-2">
<span class = "filter-value">连衣裙</span>
</label>
</li>
<li class = "filter-item">
<label for = "product-3" class = "filter-checkbox">
<input type = "checkbox" name = "product" value = "0" id = "product-3">
<span class = "filter-value">衬衫</span>
</label>
</li>
<li class = "filter-item">
<label for = "product-4" class = "filter-checkbox">
<input type = "checkbox" name = "product" value = "0" id = "product-4">
<span class = "filter-value">夹克</span>
</label>
</li>
<li class = "filter-item">
```

```html
<label for="product-5" class="filter-checkbox">
<input type="checkbox" name="product" value="0" id="product-5">
<span class="filter-value">POLO 衫</span>
</label>
</li>
<li class="filter-item">
<label for="product-6" class="filter-checkbox">
<input type="checkbox" name="product" value="0" id="product-6">
<span class="filter-value">配饰</span>
</label>
</li>
</ul>
</div>
</div>
</details>
<details>
<summary class="summary-title">
<span>品牌</span>
</summary>
<div class="summary-content">
<div class="filter-item-main">
<ul class="filter-items default-ul">
<li class="filter-item">
<label for="brand-1" class="filter-checkbox">
<input type="checkbox" name="brand" value="1" id="brand-1">
<span class="filter-value">US Polo Assian</span>
</label>
</li>
<li class="filter-item">
<label for="brand-2" class="filter-checkbox">
<input type="checkbox" name="brand" value="0" id="brand-2">
<span class="filter-value">梦燕</span>
</label>
</li>
<li class="filter-item">
<label for="brand-3" class="filter-checkbox">
<input type="checkbox" name="brand" value="0" id="brand-3">
<span class="filter-value">雅鹿</span>
</label>
</li>
</ul>
</div>
</div>
</details>
<details>
<summary class="summary-title">
<span>颜色</span>
</summary>
<div class="summary-content">
<div class="filter-item-main">
<ul class="filter-items default-ul">
```

```html
<li class="filter-item">
    <label for="color-1" class="filter-checkbox">
        <input type="checkbox" name="color" value="1" id="color-1">
        <span class="filter-value">藏青</span>
    </label>
</li>
<li class="filter-item">
    <label for="color-2" class="filter-checkbox">
        <input type="checkbox" name="color" value="0" id="color-2">
        <span class="filter-value">黑色</span>
    </label>
</li>
<li class="filter-item">
    <label for="color-3" class="filter-checkbox">
        <input type="checkbox" name="color" value="0" id="color-3">
        <span class="filter-value">蓝色</span>
    </label>
</li>
<li class="filter-item">
    <label for="color-4" class="filter-checkbox">
        <input type="checkbox" name="color" value="0" id="color-4">
        <span class="filter-value">红色</span>
    </label>
</li>
<li class="filter-item">
    <label for="color-5" class="filter-checkbox">
        <input type="checkbox" name="color" value="0" id="color-5">
        <span class="filter-value">棕色</span>
    </label>
</li>
<li class="filter-item">
    <label for="color-6" class="filter-checkbox">
        <input type="checkbox" name="color" value="0" id="color-6">
        <span class="filter-value">暗橙</span>
    </label>
</li>
<li class="filter-item">
    <label for="color-7" class="filter-checkbox">
        <input type="checkbox" name="color" value="0" id="color-7">
        <span class="filter-value">海蓝</span>
    </label>
</li>
<li class="filter-item">
    <label for="color-8" class="filter-checkbox">
        <input type="checkbox" name="color" value="0" id="color-8">
        <span class="filter-value">灰色</span>
    </label>
</li>
<li class="filter-item">
    <label for="color-9" class="filter-checkbox">
        <input type="checkbox" name="color" value="0" id="color-9">
```

```html
<span class="filter-value">绿色</span>
</label>
</li>
</ul>
</div>
</div>
</details>
<details open="">
<summary class="summary-title">
<span>尺码</span>
</summary>
<div class="summary-content">
<div class="filter-item-main">
<ul class="filter-items default-ul">
<li class="filter-item">
<label for="size-1" class="filter-checkbox">
<input type="checkbox" name="size" value="1" id="size-1">
<span class="filter-value">S</span>
</label>
</li>
<li class="filter-item">
<label for="size-2" class="filter-checkbox">
<input type="checkbox" name="size" value="0" id="size-2">
<span class="filter-value">M</span>
</label>
</li>
<li class="filter-item">
<label for="size-3" class="filter-checkbox">
<input type="checkbox" name="size" value="0" id="size-3">
<span class="filter-value">L</span>
</label>
</li>
<li class="filter-item">
<label for="size-4" class="filter-checkbox">
<input type="checkbox" name="size" value="0" id="size-4">
<span class="filter-value">XL</span>
</label>
</li>
<li class="filter-item">
<label for="size-5" class="filter-checkbox">
<input type="checkbox" name="size" value="0" id="size-5">
<span class="filter-value">XXL</span>
</label>
</li>
<li class="filter-item">
<label for="size-6" class="filter-checkbox">
<input type="checkbox" name="size" value="0" id="size-6">
<span class="filter-value">9</span>
</label>
</li>
<li class="filter-item">
```

```html
<label for="size-7" class="filter-checkbox">
<input type="checkbox" name="size" value="0" id="size-7">
<span class="filter-value">10</span>
</label>
</li>
<li class="filter-item">
<label for="size-8" class="filter-checkbox">
<input type="checkbox" name="size" value="0" id="size-8">
<span class="filter-value">11</span>
</label>
</li>
<li class="filter-item">
<label for="size-9" class="filter-checkbox">
<input type="checkbox" name="size" value="0" id="size-9">
<span class="filter-value">34</span>
</label>
</li>
<li class="filter-item">
<label for="size-10" class="filter-checkbox">
<input type="checkbox" name="size" value="0" id="size-10">
<span class="filter-value">XLL</span>
</label>
</li>
</ul>
</div>
</div>
</details>
<details>
<summary class="summary-title">
</summary>
<div class="summary-content">
<div class="filter-item-main">
<ul class="filter-items default-ul">
<li class="filter-item">
<label for="style-1" class="filter-checkbox">
<input type="checkbox" name="brand" value="1" id="style-1">
<span class="filter-value">经典</span>
</label>
</li>
<li class="filter-item">
<label for="style-2" class="filter-checkbox">
<input type="checkbox" name="brand" value="0" id="style-2">
<span class="filter-value">现代</span>
</label>
</li>
</ul>
</div>
</div>
</details>
    </div>
</form>
```

项目六　服装商城网站前端设计

```
</div>
<!-- Sidebar Section END -->
说明：左侧边栏内容整体放置在 sidebar 容器内
.collection-pg-content .sidebar {
    width: 350px;
    display: block;
    padding-right: 60px;
}
```
宽度为 350 像素。
关于侧边栏条目右侧"+"号和"×"号按钮
如上述，
```
<details open = "">
<summary class = "summary-title">
<span>可供</span>
</summary>…</details>
```
列表采用了"summary-title span"样式，该样式写在 collection.css（查阅后续代码）
```
.active-filters-wrapper .summary-title {
    padding: 12px 0;
    font-weight: 700;
    cursor: pointer;
}
.active-filters-wrapper .summary-title span {
    position: relative;
    display: block;
    line-height: 22px;
}
.active-filters-wrapper .summary-title span:after {
    content: ' ';
    position: absolute;
    background-image:url("../picture/icon-collec-plus.png");
    right: 0;
    top: 50% ;
    transform: translateY(-50% );
    width: 20px;
    background-size: cover;
    height: 20px;
    transition: all .1s ease;
}
.active-filters-wrapper details[ open ] .summary-title span:after {
    transform: translateY(-50% ) rotate(45deg);
}
.active-filters-wrapper details {
    border-bottom: 1px solid #CCC;
```

对比上述可知，span:after 是伪元素，采用背景图 icon-collec-plus.png，该图为加号，展开后的伪元素仍然为该图，旋转 45°，得到×，border-bottom：1px solid #CCC；为下方灰色边框线（图 6.32）。

步骤 7：右侧主体边栏的制作（图 6.33）。

图 6.32　产品集筛选列表

图 6.33 产品集显示主体

接上节,在页面主体部分添加如下代码:

```
<!-- Collection Grids Section -->
<div class="collection-grids">
<div class="collection-inner d-flex flex-wrap">
<div class="collection-item" data-aos="fade-up" data-aos-delay="200">
<div class="collection-item-inner">
<div class="collection-img">USD
<div class="collection-img-inner">
<a href="product.html">
<img loading="lazy" src="static/picture/collection1.jpg" alt="">
</a>
</div>
<span class="label-text">-25%</span>
<a href="product.html" class="button white">快速查看</a>
</div>
<div class="collection-content">
<h5><a href="product.html">100% 棉短袖 T 恤</a></h5>
<div class="price">
<span class="strike">￥129.00</span>
<span>￥99.00 RMB￥</span>
</div>
<div class="variant-option color-option color d-flex align-center">
<div class="field-main d-flex">
<div class="field">
<input class="myradio__input" type="radio" id="product_color1" name="color" value="product_color1">
<label class="myradio__label" for="product_color1"><span class="change black"></span></label>
</div>
<div class="field">
<input class="myradio__input" type="radio" id="product_color2" name="color" value="product_color2">
```

```
<label class = "myradio__label" for = "product_color2"><span class = "change brown"><span></span></span></label>
    </div>
    <div class = "field">
    <input class = "myradio__input" type = "radio" id = "product_color3" name = "color" value = "product_color3">
    <label class = "myradio__label" for = "product_color3"><span class = "change blue"><span></span></span></label>
    </div>
    </div>
    </div>
    </div>
    </div>
    </div>
```

此处省略7块相似内容,将上述代码复制粘贴7次,修改图像链接。

```
    </div>
    </div>
<!-- Collection Grids Section END -->
    </div>
<!-- Collection Content Section END -->
```

说明:上述右侧边栏样式 collection-grids 设置如下:

```
.collection-pg-content .collection-grids {
    width: calc(100%  - 350px);
}
```

宽度为当前显示尺寸-350 px(左侧边栏),响应式宽度同样按照这一思路修改。

另外,图片区采用 flex-wrap 属性,允许弹性子元素换行,见图 6.34。其他设置与主页新品展示区相同。

图 6.34　产品集显示主体响应式变化

步骤 8：将主页部分的 footer 前端元素接上节，写入 collection.html 文件，并在</body>前添加<span class="ScrollToTop"></span>元素。至此，collection.html 前端元素全部写入。

步骤 9：在 style.css 文件中写入：

```css
.container-large {
    margin: 0 auto;
    width: 1510px;
    padding: 0 20px;
}
```

步骤 10：在 collection.css 文件中写入，具体代码可扫描下面的二维码获得。

1）产品集制作步骤 10 代码

步骤 11：在 script.js 文件中写入脚本：

```javascript
/*** Sidebar Toggle JS *** /
    $('.sidebar-toggle span').click(function(){
        $('body').toggleClass('sidebar-hide');
    });
/*** TreeView JS *** /
    if ( $(window).width() < 1024) {
        $(".tree").treeview({
            collapsed: true,
            animated: "medium down"
        });
    }
/*** sticky cart open *** /
        if ( $('.featured-collection .section-title').hasClass('aos-animate')){
            $('.sticky-cart').addClass('active');
        } else {
            $('.sticky-cart').removeClass('active');
        }
    });
/*** Resize JS *** /
    $(window).resize(function() {
        if ( $(window).width() > 768) {
            setTimeout(function(){
                AOS.init();
            });
        }
        if ( $(window).width() < 1024) {
            if ( $('.tree').length == 0) {
                $(".tree").treeview({
```

```
            collapsed: true,
            animated: "medium down"
          });
        }
      }
    }); // Resize JS END
}); // Document Ready END
```

任务 3 制作产品详情页

1 任务描述

产品详情页(product.html)的页面主体如图 6.35 所示,左侧显示产品预览图,预览图下方设有缩略图按钮,点击缩略图按钮,在预览区以大图显示,右侧显示详情,尺码表弹出窗口以表格方式显示。

图 6.35 产品详情页功能分区

图 6.35

2 理解任务

该任务是设计一个单页,用于展示一件单品。这个单品可以从多个角度查看,比如预览图下方设置 4 张图,可以是该产品的不同色系,或是不同细节,调用 swiper 插件实现。

3 任务实践

产品详情页介绍产品详细信息,同一产品分不同角度介绍。屏幕右上角有弹出窗口,显示尺码表。功能分区如图 6.36 所示。

图 6.36 产品详情页功能分区

上下两部分与主页相同,中间是主体部分,以单件产品介绍为例,效果图如图 6.35 所示。

该区域功能是:左侧显示产品预览图,预览图下方设有缩略图按钮,点击缩略图按钮,在预览区以大图显示,右侧显示详情,尺码表弹出窗口以表格方式显示。

1) 设计思路

产品详情页设计层级结构图如图 6.37 所示。

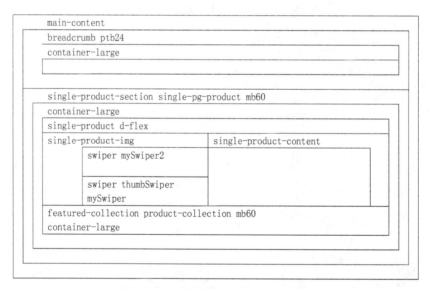

图 6.37 产品详情页设计层级结构图

2) 实践步骤

步骤 1:新建 product.html 文件,与前文一样,引入 css 和 js。

步骤 2:页面主体区代码如下:

```
<body class = "product">…</body>内首先插入以下代码:
    <div class = "popup-overlay"></div>
    <div class = "popup-main size-popup">
        <div class = "popup-inner">
```

```html
<a href="javascript:void(0)" class="popup-close">
    <img src="static/picture/wrong.png">
</a>
<div class="popup-title text-center">
    <h2>尺码表</h2>
</div>
<div class="popup-inner-table">
    <table>
        <thead>
            <tr>
                <th>You</th>
                <th>Size</th>
                <th>Waist</th>
                <th>Bust</th>
            </tr>
        </thead>
        <tbody>
            <tr>
                <td>00-0</td>
                <td>XS</td>
                <td>23-24</td>
                <td>31-32</td>
            </tr>
            <tr>
                <td>2-4</td>
                <td>S</td>
                <td>25-26</td>
                <td>33-34</td>
            </tr>
            <tr>
                <td>6-8</td>
                <td>M</td>
                <td>27-28</td>
                <td>35-36</td>
            </tr>
            <tr>
                <td>10-12</td>
                <td>L</td>
                <td>29-31</td>
                <td>37-39</td>
            </tr>
            <tr>
                <td>14</td>
                <td>XL</td>
                <td>32-34</td>
                <td>40-42</td>
            </tr>
            <tr>
                <td>16-18</td>
                <td>1X</td>
```

```
                    <td>35-37</td>
                    <td>43-45</td>
                </tr>
            </tbody>
        </table>
    </div>
   </div>
  </div>
```
说明：上述定义两个盒子元素，popup-overlay, popup-main,样式写在 product.css 文件中（后面步骤中统一写入，也可以当前步骤写入）

```css
.popup-overlay {
    position: fixed;
    top: 0;
    bottom: 0;
    left: 0;
    right: 0;
    background: rgba(0,0,0,0.5);
    z-index: 999;
    opacity: 0;
    visibility: hidden;
    transition: all ease-in 0.3s;
}
.popup-main {
    position: fixed;
    padding: 30px;
    width: 960px;
    left: 50% ;
    top: 50% ;
    background: #fff;
    z-index: 9999;
    transform: translate(-50% , -50% );
    opacity: 0;
    visibility: hidden;
    transition: all ease-in 0.3s;
}
.popup-open .popup-main,
.popup-open .popup-overlay {
    opacity: 1;
    visibility: visible;
}
.popup-main .popup-close {
    position: absolute;
    top: 10px;
    right: 10px;
}
.popup-main .popup-close svg:hover {
    fill: #024888;
}
.popup-inner table {
    width: 100% ;
```

```
}
.popup-title h4 {
    font-size: 20px;
    line-height: 26px;
}
```

popup-overlay 盒子背景为灰色半透明，层级999，.popup-main 盒子内插入表格，表格显示尺码，层级9999，因此尺码表叠加在灰色半透明之上。

尺码表弹出窗口如图6.38所示。

You	Size	Waist	Bust
00-0	XS	23-24	31-32
2-4	S	25-26	33-34
6-8	M	27-28	35-36
10-12	L	29-31	37-39
14	XL	32-34	40-42
16-18	1X	35-37	43-45

图6.38　产品详情页尺码表弹出窗口

.popup-open 样式用于 js 调用该类选择器（该 js 写入 script.js 文件中），打开尺码表。

```
/*** SizeChart Popup JS ***/
 $ ('.size-chart').click(function(){
 $ ('body').addClass('popup-open');
});
 $ ('.popup-inner .popup-close').click(function(){
    $ ('body').removeClass('popup-open');
});
```

size-chart 类在后续步骤的主体内容内。

调用后表格背景为灰色半透明，如图6.39所示。

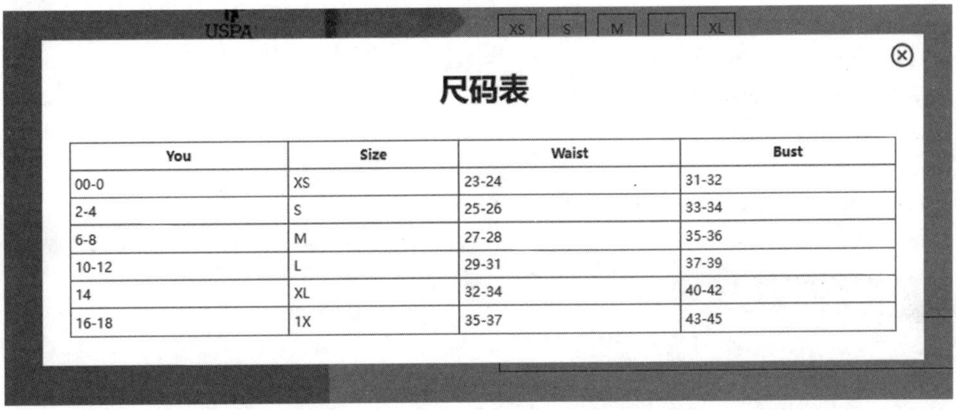

You	Size	Waist	Bust
00-0	XS	23-24	31-32
2-4	S	25-26	33-34
6-8	M	27-28	35-36
10-12	L	29-31	37-39
14	XL	32-34	40-42
16-18	1X	35-37	43-45

图6.39　产品详情页尺码表弹出透明背景窗口

步骤 3：接上节</div>标签外写入悬停下拉菜单代码（代码与前文相同）。
步骤 4：接上节</div>标签外写入：

```
<div class="main-content"></div>，在<div>标签内依次写入：
<div class="breadcrumb ptb24"></div>    //产品详情页标题区
<div class="single-product-section single-pg-product mb60">//产品详情页图文信息主体
<div class="featured-collection product-collection mb60">//产品详情页相关推荐
```

步骤 5：在<div class="breadcrumb ptb24"></div>标签内写入：

```
<div class="container-large">
        <div class="breadcrumb-inner">
            <ul class="d-flex default-ul">
                <li><a href="index.html">主页</a></li>
                <li><span>产品细节</span></li>
            </ul>
        </div>
</div>
```

产品详情页标题如图 6.40 所示。

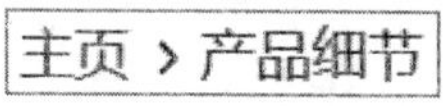

主页 > 产品细节

图 6.40　产品详情页标题

步骤 6：在<div class="single-product-section single-pg-product mb60">标签内依次插入以下层级代码：

```
<div class="container-large">
        <div class="single-product d-flex">
            <div class="single-product-img" data-aos="fade-up">
图片区-标记
</div>
详情文字按钮区-标记
</div>
</div>
并且在上述图片区标记内继续插入
<div class="swiper mySwiper2">
<div class="swiper-wrapper">
<div class="swiper-slide">
<a data-fancybox="gallery" href="static/picture/product-sw1.png">
<img loading="lazy"   src="static/picture/product-sw1.png" alt="">
<span class="plus-trigger">
</span>
</a>
</div>
<div class="swiper-slide">
<a data-fancybox="gallery" href="static/picture/product-sw2.png">
```

```html
<img loading="lazy" src="static/picture/product-sw2.png" alt="">
<span class="plus-trigger">
</span>
</a>
</div>
<div class="swiper-slide">
<a data-fancybox="gallery" href="static/picture/product-sw3.png">
<img loading="lazy" src="static/picture/product-sw3.png" alt="">
<span class="plus-trigger">
</span>
</a>
</div>
<div class="swiper-slide">
<a data-fancybox="gallery" href="static/picture/product-sw4.png">
<img loading="lazy" src="static/picture/product-sw4.png" alt="">
<span class="plus-trigger">
</span>
</a>
</div>
</div>
```

上述调用了 swiper 插件,为此,在 product.html 页面末尾,</body>上方,插入如下脚本:

```html
<script>
        // Swiper Slider
        var swiper = new Swiper(".mySwiper", {
            slidesPerView: 4,
            freeMode: true,
            watchSlidesProgress: true,
        });
        var swiper2 = new Swiper(".mySwiper2", {
            navigation: {
                nextEl: ".swiper-button-next",
                prevEl: ".swiper-button-prev",
            },
            thumbs: {
                swiper: swiper,
            },
        });
        // Swiper Slider
</script>
```

说明:上述使用了 swiper 插件,在同一位置插入 4 张图片,按下鼠标左右拖动可以切换查看,此外:

```html
<div class="swiper-slide">
<a data-fancybox="gallery" href="static/picture/product-sw3.png">
<img loading="lazy" src="static/picture/product-sw3.png" alt="">
<span class="plus-trigger">
</span>
</a>
</div>
```

上述语句调用了 fancybox 插件,鼠标移动到图片上会显示圆形按钮,以幻灯片形式播放查看,如图 6.41 所示。单击按钮进入图片轮播模式,如图 6.42 所示。

视频 6-10

图 6.41　fancybox 插件圆形交互按钮　　图 6.42　fancybox 插件轮播按钮

步骤 7:接上节继续添加代码:

```
<div class="swiper thumbSwiper mySwiper">
<div class="swiper-wrapper">
<div class="swiper-slide">
<div class="thumb-img">
<img loading="lazy" src="static/picture/product-sw1.png" alt="">
</div>
</div>
<div class="swiper-slide">
<div class="thumb-img">
<img loading="lazy" src="static/picture/product-sw2.png" alt="">
</div>
</div>
<div class="swiper-slide">
<div class="thumb-img">
<img loading="lazy" src="static/picture/product-sw3.png" alt="">
</div>
</div>
<div class="swiper-slide">
<div class="thumb-img">
<img loading="lazy" src="static/picture/product-sw4.png" alt="">
</div>
</div>
</div>
</div>
```

说明该段代码调用 swiper 插件,插入 4 张图片(图 6.43)。

图 6.43　产品详情页缩略图按钮

图 6.43

步骤 8：在详情文字按钮区标记位置插入：

```html
<div class="single-product-content" data-aos="fade-up">
<h2><a href="">男款短袖 polo 衫</a></h2>
<div class="stock-detail">
<span class="stock-text">仅剩 29 件库存</span>
<span class="stock-bar"></span>
</div>
<div class="prices d-flex align-center">
<span class="price strike">￥589.00</span>
<span class="price">￥189.00 RMB</span>
<span class="tag">-68% </span>
</div>
<div class="tax-text">
<span>所持会员再打 9 折,享积分。</span>
</div>
<div class="product-options">
<form action="post" class="product-variants">
<div class="variant-option size d-flex align-center">
<span class="option-name">尺码<a href="javascript:void(0)" class="size-chart">尺码表</a></span>
<div class="field-main d-flex">
<div class="field">
<input class="myradio__input" type="radio" id="XS" name="size" value="XS">
<label class="myradio__label" for="XS">XS</label>
</div>
```

为节省篇幅,上述代码重复 4 次,将 XS 分别替换为 S、M、L、XL。

```html
</div>
</div>
<div class="variant-option color d-flex align-center">
<span class="option-name">颜色</span>
<div class="field-main d-flex">
<div class="field">
<input class="myradio__input" type="radio" id="color1" name="color" value="color1">
<label class="myradio__label" for="color1"><img src="static/picture/product-variant-3.png" alt="" style="border-radius: 100%;"></label>
</div>
```

为节省篇幅,此处省略三处,上述代码,把 color1 分别替换成 color2、color3、color4,并替换图片链接地址。

```html
</div>
</div>
<div class="variant-option size d-flex align-center">
```

```html
    <span class="option-name">样式</span>
    <div class="field-main d-flex">
      <div class="field">
        <input class="myradio__input" type="radio" id="classic" name="style" value="classic">
        <label class="myradio__label" for="classic">经典</label>
      </div>
      <div class="field">
        <input class="myradio__input" type="radio" id="modern" name="style" value="modern">
        <label class="myradio__label" for="modern">现代</label>
      </div>
    </div>
  </div>
</form>
</div>
<div class="qty-cart-block align-center d-flex justify-space-between mb50">
  <div class="qty d-flex align-center">
    <a href="javascript:void(0)" class="qty-btn minus">-</a>
    <input type="number" value="1" min="1">
    <a href="javascript:void(0)" class="qty-btn plus">+</a>
  </div>
  <div class="cart-button">
    <a href="javascript:void(0)" class="button">加入购物车</a>
  </div>
</div>
<div class="pickup-info d-flex">
  <div class="icon">
  </div>
  <div class="pickup-info-detail">
    <p>商品拍下 <strong>顶瓜瓜</strong><br> 24 小时内安排发货</p>
  </div>
</div>
<details class="desc-text" open="">
  <summary>
    <span class="desc-title">
      <span>商品描述</span>
    </span>
  </summary>
  <div class="accordion__content">
    <span>棉 63% 聚酯纤维 37%,兼顾了时尚性与功能性,融合进舒适与时尚的特点,是休闲类服饰中很受顾客青睐的服饰。男女同款,造型随意搭,谁穿都不会错。</span>
  </div>
</details>
</div>
```

产品详情页信息如图 6.44 所示。

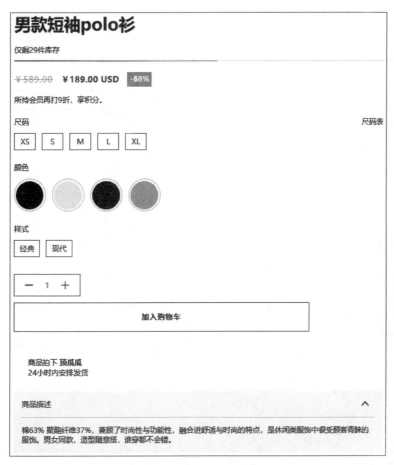

图 6.44 产品详情页信息

说明：此处主要是 css 样式的应用，以颜色为例。

```
<div class="field">
<input class="myradio__input" type="radio" id="color1" name="color" value="color1">
<label class="myradio__label" for="color1"><img src="static/picture/product-variant-3.png" alt="" style="border-radius: 100% ;"></label>
</div>
```
上述颜色采用了 myradio__label 样式，该样式写于 product.css 文件中
```
.variant-option.color .myradio__label {
    padding: 3px;
    border-radius: 100% ;
    border-width: 2px;
    border: 2px solid rgba(0,0,0,.2);
    background: transparent ! important;
}
.variant-option.color .myradio__input:checked ~ .myradio__label:after {
    content: ' ';
    height: calc(100% + 4px);
    width: calc(100% + 4px);
```

```css
        position: absolute;
        border: 3px solid #13D0C8;
        top: -2px;
        left: -2px;
        border-radius: 100% ;
}
.collection-item .variant-option.color .myradio__input:checked ~ .myradio__label:after {
        border-width: 3px;
}
.variant-option.color .myradio__input:checked ~ .myradio__label {
        background: transparent ! important;
}
.myradio__label {
        padding: 6px 10px;
        cursor: pointer;
        position: relative;
        transition: all 0.5s;
        border: 1px solid #024888;
        color: #024888;
        min-width: 42px;
        display: inline-block;
        text-align: center;
        margin: 0;
}
.myradio__label:hover {
        background: #024888;
        color: #fff;
}
.myradio__input:checked ~ .myradio__label  {
        background-color: #024888;
        color: #fff;
}
```

产品详情页颜色单选框如图 6.45 所示。

图 6.45　产品详情页颜色单选框

图 6.45

其他按钮样式与此类似(图 6.46、图 6.47)。

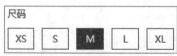

图 6.46　产品详情页尺码单选按钮

加入购物车

图 6.47　产品详情页购物车按钮

步骤 9：在主体文件中依次写入 < div class = " featured-collection product-collection mb60" ></div>,该内容与主页"经典收藏"区相同。

步骤 10：写入版权区信息,与主页相同。

步骤 11：写入<span class = "ScrollToTop" ></span>。

步骤 12：该页面最下端增加了一个黏性面板,始终停留在底部(图 6.48)。

图 6.48　产品详情页购物车按钮

黏性购物面板代码如下：

```
< div class = "sticky-cart">
< div class = "container-large">
< div class = "sticky-details-wrapper d-flex justify-space-between align-center">
< div class = "content-wrapper d-flex align-center">
< div class = "img-wrapper object-fit">
< a href = "">
< img src = "static/picture/collection3.jpg" loading = "lazy" alt = "">
</a>
</div>
< div class = "title-wrapper">
<h5 class = "title"> <a href = "">男士 T 恤 </a></h5>
<span data-variant-title = "">XL -浅灰</span>
</div>
</div>
< div class = "actions-wrapper">
<form action = "post">
<div class = "cart-buttons d-flex">
<input type = "button" class = "button" value = "加入购物车">
<input type = "button" class = "button" value = "现在购买">
</div>
</form>
</div>
</div>
</div>
</div>
```

步骤 13：在 product.css 文件中写入样式，具体代码可扫描下面的二维码获得。

产品详情页设计步骤 13 代码

任务 4　博客页面制作

1 任务描述

顶呱呱工厂店网站提供一个用户反馈页面，即博客页面，该页面主要用于显示用户反馈信息概览。用户只需单击信息标题，即可进入详细页面，进而提交新的反馈信息。如图 6.49 所示。

图 6.49　博客页面

图 6.49

2 理解任务

该任务要求制作一个博客页面主体区，其桌面显示器显示 1 行 3 列，且随着显示尺寸变化自动适应。制作上采用弹性盒子布局，每列显示图文，文字以绝对定位的方式显示并叠加在图上方。详情页居中，各块级元素自上而下叠加（图 6.50、图 6.51）。

春季如何穿搭？

顶呱呱　*July 09, 2023*

春季是一个温暖而多变的季节，穿搭要考虑到温度的变化和个人的风格偏好。春季早晚温差大，可以采用层次搭配，比如穿一件长袖T恤或衬衫，外面再搭配一件轻薄的外套或开衫。风衣、牛仔夹克、棒球夹克或轻薄的皮夹克都是春季不错的选择，既保暖又时尚。春季是穿连衣裙的好时机，可以选择印花、碎花或者纯色的连衣裙，搭配一双舒适的平底鞋或小白鞋。

最重要的是找到适合自己的风格，无论是休闲、商务还是街头风，都要保持自己的个性和舒适。

图 6.50　博客详情页图文

1 评论

尺码长见识了
江南竹　　　　　　　　　　　　　　　　　　　　　　　　　*July 09, 2023*

对它评论

姓名 *
[Name]

Email *
[Email]

评论
[说点什么]

[提交]

图 6.51　博客详情页评论

3 任务实践

1）功能分区及层级结构分析

（1）功能分区

博客页面功能分区简洁，分上、中、下三大部分，四小部分，如图6.52所示。

图6.52　博客详情页功能分区

（2）层级结构

博客页面中间主体部分层级结构设计如图6.53所示。

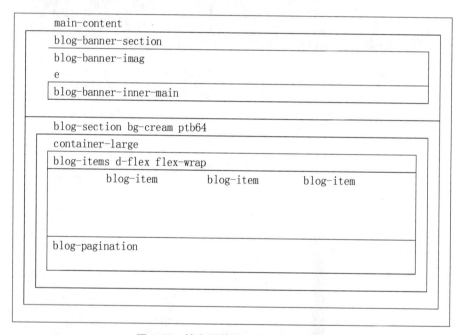

图6.53　博客详情页设计层级结构图

（3）实践步骤

步骤1：新建blog.html文件，按前文所述引入css和js文件。

步骤2：在\<body class="blog"\>\</body\>内添加层级标签。

```
<div class="header-main-block"></div>    //头部菜单,参考前文
<div class="main-content"></div>    //博文主体
<footer class="site-footer"><div>//脚注部分,参考前文
```

步骤3：依据上述层级结构，在\<div class="main-content"\>\</div\>标签内添加：

```
<div class = "blog-banner-section"></div>         //大标题
<div class = "blog-section bg-cream ptb64">
  <div class = "container-large">
    <div class = "blog-items d-flex flex-wrap"> </div>    //博文
    <div class = "blog-pagination"> </div>          //分页按钮
  </div>
</div>
```

步骤 4：在<div class = "blog-banner-section"></div>内写入前端元素：

```
<div class = "blog-banner-section">
<div class = "blog-banner-image">
<div class = "image-overlay"></div>
<img src = "static/picture/blog-banner-image.jpg" alt = "">
</div>
  <div class = "blog-banner-inner-main">
  <div class = "container">
  <div class = "blog-banner-inner text-center">
  <h1>博客</h1>
<div class = "breadcrumb banner-bread">
  <ul class = "d-flex default-ul justify-center">
    <li><a href = "index.html">主页</a></li>
    <li><span>博文</span></li>
</ul>
</div>
</div>
</div>
</div>
</div>
```

博客页面见图 6.54。

图 6.54　博客页面 banner（一）

步骤 5：在<div class = "blog-items d-flex flex-wrap"> </div>标签内写入前端元素代码。

```
<div class = "blog-item">
<div class = "blog-item-inner">
<div class = "blog-img" data-aos = "fade-up" data-aos-delay = "100">
<div class = "blog-img-inner object-fit">
```

```html
<img loading = "lazy" src = "static/picture/blog-img3.jpg" alt = "">
                </div>
            </div>
            <div class = "blog-content" data-aos = "fade-up" data-aos-delay = "300">
                <h3><a href = "blog-detail.html">衣服尺码有哪些标准？</a></h3>
                <p>衣服尺码标准因国家、地区和品牌而异，但通常有以下几种常见的尺码系统：<br>
                    国际尺码：…具体文本内容</p>
                <div class = "blog-details">
                    <ul class = "default-ul d-flex">
                        <li class = "d-flex align-center">
                            <span class = "icon">
                            </span>
                            <span>Jun 18, 2023</span>
                        </li>
                        <li class = "d-flex align-center">
                            <span class = "icon">
                            </span>
                            <span>2 comments</span>
                        </li>
                    </ul>
                </div>
            </div>
        </div>
    </div>
```

其余两条评论信息代码同上，复制粘贴两遍并修改内容，为节省篇幅，不再赘述。

步骤 6： 在`<div class = "blog-pagination"> </div>`标签内添加分页代码。

```html
<ul class = "d-flex justify-center align-center default-ul">
    <li><span>1</span></li>
    <li><a href = "">2</a></li>
    <li><a href = "" class = "pagi-btn">Next 》</a></li>
</ul>
```

步骤 7： 添加本节所用样式代码，写入 blog.css 文件中。

```css
/**** Blog Listing Page - Style ****/
.blog .blog-section {
    background: #f9f5f4;
}
.blog .blog-img-inner {
    height: 320px;
}
.blog .blog-content {
    padding: 20px 24px;
    max-width: calc(100% - 48px);
}
.blog-pagination ul li a:not(.pagi-btn),
.blog-pagination ul li span {
```

```css
    height: 28px;
    width: 28px;
    display: flex;
    align-items: center;
    justify-content: center;
    border-radius: 50% ;
    background-color: #CCC;
    color: var(--primary-color);
}
.blog-pagination ul li a:not(.pagi-btn):hover,
.blog-pagination ul li span {
    background-color: var(--primary-color) ;
    color: #CCC;
}
.blog-pagination ul {
    column-gap: 12px;
}
.blog .blog-item-inner {
    height: 100% ;
    display: flex;
    flex-direction: column;
}
.blog .blog-item-inner .blog-content {
    flex: 1;
}
.blog .blog-items {
    margin: 0 -8px;
}
.blog .blog-items .blog-item {
    width: 33.33% ;
    padding: 0 8px;
    margin-bottom: 24px;
}
.blog-banner-image,
.blog-banner-section {
    position: relative;
    height: 300px;
}
.blog-banner-image.about-banner-image,
.blog-banner-section.about-banner {
    height: 500px;
}
.blog-banner-image img {
    height: 100% ;
    width: 100% ;
    object-fit: cover;
}
.image-overlay {
```

```css
    background: var(--black-color);
    opacity: 0.4;
    position: absolute;
    top: 0;
    bottom: 0;
    left: 0;
    right: 0;
}
.blog-banner-inner-main {
    position: absolute;
    top: 0;
    bottom: 0;
    left: 0;
    right: 0;
    display: flex;
    align-items: center;
}
.blog-banner-inner h1 {
    color: var(--white-color);
    font-size: 38px;
    line-height: 46px;
}
/**** Blog Listing Page - Style END ****/
```

代码执行结果见图 6.55、图 6.56。

图 6.55　博客页面 banner(二)

图 6.56　博客页面 banner(三)

步骤 8：在 blog.css 文件中添加响应式代码。

```css
@media screen and (max-width: 1200px) {
    .blog .blog-content {
        padding: 12px 14px;
        max-width: calc(100% );
    }
    .blog .blog-img-inner {
        height: 240px;
    }
}
@media screen and (max-width: 1023px) {
    .blog .blog-items .blog-item {
        width: 50% ;
    }
    .blog-detail-pg .container {
        width: 100% ;
    }
    .blog-detail-banner h1 {
        font-size: 24px;
        line-height: 32px;
    }
}
@media screen and (max-width: 767px) {
    .blog .blog-items .blog-item {
        width: 100% ;
    }
    .blog .blog-item-inner .blog-content {
        max-width: 100% ;
    }
    .blog .blog-img-inner {
        height: 300px;
    }
    .blog-banner-inner h1 {
        margin-bottom: 12px;
    }
    .comment-form-main .button {
        padding: 10px 20px;
    }
    .blog-detail-text {
        margin-bottom: 24px;
    }
```

```css
.blog-detail-pg .content h3 {
    font-size: 20px;
    line-height: 26px;
}
}
/**** Responsive Style END ****/
```

代码执行结果见图6.57。

图6.57 博客页面响应式显示

参考文献

[1] 马克 J. 柯林斯. HTML5 Web 开发最佳实践:使用 CSS JavaScript 和多媒体[M]. 王净,范园芳,译. 北京:清华大学出版社,2018.

[2] 工业和信息化部教育与考试中心. Web 前端开发 职业技能等级标准(标准代码:510001)[S]. 2021.12.

[3] 菜鸟教程[EB/OL]. [2024-07-21]. https://www.runoob.com.